This series aims to report new developments in physical research and teaching — quickly, informally, and at a high level. The type of material considered for publication includes:

1. Preliminary drafts of original papers and monographs

2. Lectures on a new field, or presenting a new angle on a classical field

3. collections of seminar papers

4. Reports of meetings

Texts which are out of print but still in demand may also be considered if they fall within these categories.

The timeliness of a manuscript is more important than its form, which may be unfinished or tentative. Thus, in some instances, proofs may be merely outlined and results presented which have been or will later be published elsewhere.

Publication of *Lecture Notes* is intended as a service to the international physical community, in that a commercial publisher, Springer-Verlag, can offer a wider distribution to documents which would otherwise have a restricted readership. Once published and copyrighted, they can be documented in the scientific libraries.

Manuscripts
Manuscripts are reproduced by a photographic process; they must therefore be typed with extreme care. Symbols not on the typewriter should be inserted by hand in indelible black ink. Corrections to the typescript should be made by sticking the amended text over the old one, or by obliterating errors with white correcting fluid. The figures (in the original size) ready for reproduction should be inserted into the text. Should the text, or any part of it, have to be retyped, the author will be reimbursed upon publication of the volume. Authors receive 50 free copies.

The typescript is reduced slightly in size during reproduction, therefore a large size of type should be used; best results will not be obtained unless the text on any one page is kept within the overall limit of 18 x 26.5 cm (7 x 10½ inches). The publishers will be pleased to supply on request special stationery with the typing area outlined.

Manuscripts in English, German or French should be sent to Springer-Verlag, 6900 Heidelberg, Postfach 1780.

Die *„Lecture Notes"* sollen rasch und informell, aber auf hohem Niveau, über neue Entwicklungen in der Physik berichten. Zur Veröffentlichung kommen:

1. Vorläufige Fassungen von Originalarbeiten und Monographien.

2. Spezielle Vorlesungen über ein neues Gebiet oder ein klassisches Gebiet in neuer Betrachtungsweise.

3. Seminarausarbeitungen.

4. Vorträge von Tagungen.

Ferner kommen auch ältere vergriffene spezielle Vorlesungen, Seminare und Berichte in Frage, wenn nach ihnen eine anhaltende Nachfrage besteht.

Die Beiträge dürfen im Interesse einer größeren Aktualität durchaus den Charakter des Unfertigen und Vorläufigen haben. Sie brauchen Beweise unter Umständen nur zu skizzieren und dürfen auch Ergebnisse enthalten, die in ähnlicher Form schon erschienen sind oder später erscheinen sollen.

Die Herausgabe der *„Lecture Notes"* Serie durch den Springer-Verlag stellt eine Dienstleistung an die physikalischen Institute dar, indem der Springer-Verlag für ausreichende Lagerhaltung sorgt und einen großen internationalen Kreis von Interessenten erfassen kann. Durch Anzeigen in Fachzeitschriften, Aufnahme in Kataloge und durch Anmeldung zum Copyright sowie durch die Versendung von Besprechungsexemplaren wird eine lückenlose Dokumentation in den wissenschaftlichen Bibliotheken ermöglicht.

Lecture Notes in Physics

Edited by J. Ehlers, München, K. Hepp, Zürich and
H. A. Weidenmüller, Heidelberg
Managing Editor W. Beiglböck, Heidelberg

16

Hans-Otto Georgii

Mathematisches Institut der Universität
Erlangen-Nürnberg, Erlangen

Phasenübergang 1. Art bei Gittergasmodellen

Klassische Systeme gleichartiger Teilchen
mit paarweiser Wechselwirkung

Springer-Verlag Berlin Heidelberg GmbH 1972

AMS Subject Classifications (1970): 82–02, 82-A-05, 82-A-25, 82-A-30, 82-A-40

ISBN 978-3-540-06025-3   ISBN 978-3-540-37991-1 (eBook)
DOI 10.1007/978-3-540-37991-1

Offsetdruck: Julius Beltz, Hemsbach/Bergstr.

EINFÜHRUNG

In der Statistischen Mechanik verfolgt man das Ziel,
die makroskopischen Eigenschaften eines thermodynamischen
Systems (wie zum Beispiel Druck und Dichte eines Gases)
zu beschreiben mit Hilfe von Annahmen über seine mikrosko-
pische Beschaffenheit, nämlich die Wechselwirkung zwischen
den Teilchen (Molekülen) des Systems. Man entwickelt zu
diesem Zweck gewisse Modellvorstellungen mit idealisieren-
den Annahmen, unter denen die folgenden das mathematisch
am leichtesten überschaubare und daher am besten bekannte
Modell liefern: Man nimmt an, daß die Teilchen gleichartig
sind und sich nur an den Knotenpunkten eines ν-dimensiona-
len Gitters T aufhalten dürfen, wobei höchstens ein Teilchen
auf jeden Gitterpunkt zu liegen kommt, und daß die Wechselwirkung zwischen den Teilchen ausschließlich paarweise erfolgt. Es zeigt sich, daß die Impulse der Teilchen, welche
einer Normalverteilung gehorchen, keinen interessanten Beitrag zur Theorie liefern, so daß man sich von vornherein
auf die Betrachtung der Teilchenkonfigurationen (d.h. der
Verteilung der Teilchen im Raum) beschränken kann. Im thermodynamischen Gleichgewicht, welches wir stets voraussetzen
wollen, ist dann die Wahrscheinlichkeit jeder Konfiguration
durch die sogenannte GIBBS-Verteilung bestimmt. Entspricht
ein Teilchensystem diesen Modellvorstellungen, so spricht
man von einem klassischen (Konfigurations-) System auf dem
Gitter mit paarweiser Wechselwirkung.

Untersucht man in solchen Modellen die thermodynamischen
Funktionen, etwa den Druck, so zeigt sich, daß sie manchmal

gewisse Singularitäten aufweisen, wie man sie experimentell beobachtet, wenn ein Phasenübergang stattfindet. Einen Spezialfall stellen die Phasenübergänge 1. Art dar, bei denen sogar die Teilchendichte eine Unstetigkeit aufweist. Mit diesen Phasenübergängen 1. Art beschäftigt sich die vorliegende Arbeit. Da wir uns in entscheidenden Teilen ohnehin auf klassische Gittersysteme mit paarweiser Wechselwirkung beschränken müssen, halten wir an dieser Beschränkung aus Gründen der Systematik auch dort fest, wo wir uns auch in erheblich allgemeineren Systemen bewegen könnten.

Bei der Auswahl des Stoffes haben wir unser besonderes Augenmerk auf einige Arbeiten der sowjetischen Mathematiker DOBRUŠIN, MINLOS und SINAJ und auf jüngste Ergebnisse gerichtet, so daß Überschneidungen mit dem Standardwerk von RUELLE [R1] vermieden worden sind. Unter den nicht berücksichtigten Themen seien insbesondere die interessanten Ergebnisse von MINLOS und SINAJ [MS2] und von GALLAVOTTI und MARTIN-LÖF [GML] über die geometrischen Phänomene der Phasentrennung beim ISING-Modell hervorgehoben, deren Behandlung den Rahmen dieses Skriptums gesprengt hätte. Der vorliegende Text verfolgt das Ziel leichter Verständlichkeit und präziser Formulierung auch im Detail und setzt über weite Strecken nur geringe Vorkenntnisse voraus. Er bietet daher eine Starthilfe für alle, die sich in die Statistische Gleichgewichtsmechanik neu einarbeiten wollen.

Alle Literaturhinweise, die nicht zum unmittelbaren sachlichen Verständnis notwendig sind, befinden sich im

Bibliographischen Anhang.

In zwei Gesprächen mit den Professoren G. Gallavotti und D. Ruelle konnte ich meinen Einblick in den Stoff vertiefen. Dafür sage ich ihnen meinen herzlichen Dank. Mein besonderer Dank gilt ferner Professor K. Jacobs, der meine Arbeit großzügig gefördert hat, sowie der Deutschen Forschungsgemeinschaft für ihre finanzielle Unterstützung.

Erlangen, im Juli 1972   Hans-Otto Georgii

INHALT

VIII

THERMODYNAMISCHE FUNKTIONEN UND IHRE

SINGULARITÄTEN

§ 1

Existenz der freien HELMHOLTZ-Energien

1.1   Wir betrachten das ν-dimensionale Gitter
$T := \mathbb{Z}^\nu$ ($\nu \in \mathbb{N}$) und das punktierte Gitter $T^* := T \setminus \{0\}$.
Zu $V \subset T$ sei $C_V := \{0,1\}^V$ die Menge aller Teilchenkonfigurationen in V (Ist $c \in C_V$, so interpretieren
wir $M(c) := \{t \in V : c(t) = 1\}$ als die Menge der mit
einem Teilchen besetzten Gitterpunkte in V) , und zu
$c \in C_V$ sei $N(c,V) := \sum_{t \in V} c(t) = |M(c)|$ die Teilchen-
anzahl bei c. Für $N \in \mathbb{Z}_+$ sei $C_{V,N} := \{c \in C_V : N(c,V) = N\}$
die Menge aller Konfigurationen von genau N Teilchen
in V . Schließlich bezeichnen wir mit $\mathcal{U}$ die Menge
aller endlichen Teilmengen von T .

Sind $V \in \mathcal{U}$, $N \in \mathbb{Z}_+$ und $U \in \mathbb{R}^{T^*}$, so ist die
<u>kanonische</u> (Konfigurations-) <u>Zustandssumme von N Teil-</u>
<u>chen im Volumen V bei der "Wechselwirkung" U</u> definiert
durch

$$Z_{V,N} = Z_{V,N}(U) := \sum_{c \in C_{V,N}} \exp\left[-\tfrac{1}{2} \sum_{\substack{s,t \in M(c) \\ s \neq t}} U(s-t)\right] \quad ,$$

und im thermodynamischen Gleichgewicht hat jedes $c \in C_{V,N}$
die durch die <u>GIBBS-Verteilung</u> $q_{V,N}$ vorgeschriebene
Wahrscheinlichkeit

$$q_{V,N}(c) = q_{V,N}^U(c) := Z_{V,N}^{-1} \exp\left[-\tfrac{1}{2} \sum_{\substack{s,t \in M(c) \\ s \neq t}} U(s-t)\right] \quad .$$

Die <u>freie Energie pro Teilchen</u> ist gegeben durch $N^{-1} \log Z_{V,N}(U)$ und die <u>freie Energie pro Volumen</u>

durch $\quad g_V(\frac{N}{|V|}, U) := |V|^{-1} \log Z_{V,N}(U)$.

Wir setzen $g_V(.,U)$ auf $[0,1]$ fort durch lineare Interpolation: Ist $\varrho = \frac{N+\Theta}{|V|}$ mit $N \in \{0,...,|V|-1\}$ und $0 \leq \Theta \leq 1$, so setze

$$g_V(\varrho,U) := (1-\Theta)\, g_V(\frac{N}{|V|},U) + \Theta\, g_V(\frac{N+1}{|V|}, U) \quad . \quad (\, 1 \,)$$

In der Physik hat man es nun mit Systemen zu tun, bei denen das Volumen im Verhältnis zu den Moleküldimensionen und die Teilchenzahl ungeheuer groß sind. Man kann daher hoffen, zu realistischen Aussagen zu kommen, wenn man die Größe des Volumens und die Teilchenzahl in geeigneter Weise gegen ∞ streben läßt, und zwar so, daß das Verhältnis $\frac{N}{|V|}$ einen endlichen Limes $\varrho \in [0,1]$ besitzt. Man nennt dies den thermodynamischen Grenzprozess, und man ist an dem Grenzverhalten der thermodynamischen Funktionen wie etwa der freien Energien pro Teilchen und pro Volumen interessiert. Das Ziel dieses Paragraphen ist die Beantwortung der Frage:

Unter welchen Voraussetzungen existiert

$$\varrho\, f(\varrho^{-1}, U) := g(\varrho, U) := \lim_{k \to \infty} g_{V_k}(\varrho, U)$$

für eine "groß werdende" Folge $(V_k)_{k \in \mathbb{N}}$ in $\mathcal{V}$? In § 2 werden wir dann die Eigenschaften dieses Limes untersuchen.

1.2   Wir müssen uns zuerst näher mit der Wechselwirkung befassen. In unseren formalen Ansatz ist bereits die Annahme eingegangen, daß die Wechselwirkung ausschließlich <u>paarweise</u> erfolgt, daß also eine Funktion $U : T^* \to \mathbb{R}$ existiert mit der Eigenschaft,

daß die Wechselwirkungsenergie von N Teilchen, die
in einem Volumen V gemäß einer Konfiguration c ver-
teilt sind, gegeben ist durch

$$U_N(c) := \frac{1}{2} \sum_{s,t \in V}^{*} c(s)c(t)\, U(s-t) \quad .$$

Hier wie auch im Folgenden soll der Stern am Summen-
zeichen andeuten, daß nur über alle s,t mit $s \neq t$
summiert wird.

<u>DEFINITION</u>: $U \in \mathbb{R}^{T^*}$ heiße <u>Wechselwirkungspotential</u>
(genauer: Potential einer translationsinvarianten paar-
weisen Wechselwirkung), wenn gilt: $U(t) = U(-t)$ $(t \in T^*)$.

Um zu vernünftigen Aussagen zu kommen, muß man von
einem Wechselwirkungspotential verlangen, daß es im Un-
endlichen hinreichend klein wird.

<u>DEFINITION</u>: (1) Wir sagen, das Wechselwirkungspo-
tential U sei <u>von endlicher Reichweite mit Radius R $\geq$ 1</u>,
wenn gilt: $U(t) = 0$ ($\|t\| > R$). Dabei sei $\|.\|$ die Re-
striktion der euklidischen Norm auf T .

(2) Das Wechselwirkungspotential U heiße <u>absolut
summierbar</u>, wenn gilt: $\sum_{t \in T^*} |U(t)| < \infty$.

Wir bezeichnen mit $\mathrm{U}_{FR}(R)$ die Menge aller Wechselwirkungspotentiale von endlicher Reichweite (finite
range) mit Radius R und mit U_{AS} die aller absolut sum-
mierbaren Wechselwirkungspotentiale. Ferner setzen wir
$\mathrm{U}_{FR} := \bigcup_{R \geq 1} \mathrm{U}_{FR}(R)$. Offenbar gilt $\mathrm{U}_{FR} \subset \mathrm{U}_{AS}$.

<u>LEMMA</u> : (a)   Auf U_{AS} ist durch $\|U\| := \sum_{t \in T^*} |U(t)|$
eine Norm definiert, die U_{AS} zu einem Banachraum macht.

(b) U_{FR} liegt normdicht in U_{AS} .

BEWEIS: "(a)": Offenbar ist $\| . \|$ eine Norm auf $\mathfrak{U}_{AS}$.
Die Vollständigkeit von $\mathfrak{U}_{AS}$ bezüglich dieser Norm
ergibt sich aus der Vollständigkeit von $\mathbb{R}$ und der
Tatsache, daß für $U \in \mathfrak{U}_{AS}$ zu jedem $\varepsilon > 0$ ein $V \in \mathcal{V}$ exi-
stiert mit $\sum_{t \in \overline{V}} |U(t)| < \varepsilon$. Dabei bezeichnet $\overline{V} := T \smallsetminus V$
das Komplement von V.

"(b)": Ist $U \in \mathfrak{U}_{AS}$ beliebig und zu $\varepsilon > 0$ ein $V \in \mathcal{V}$
wie im Beweis von (a) gewählt, so setze

$$U_0(t) := \begin{cases} U(t) & t \in V \\ 0 & \quad \text{für} \quad \ t \in \overline{V} \end{cases} .$$

Dann ist $U_0 \in \mathfrak{U}_{FR}$ und $\| U - U_0 \| < \varepsilon$.   QED.

1.3   Wir weisen jetzt zwei Eigenschaften der Funktionen $g_V(.,.)$ nach.

LEMMA 1: Ist $U \in \mathfrak{U}_{AS}$, so besteht für alle $V \in \mathcal{V}$
und $\varsigma \in [0,1]$ die Ungleichung

$$g_V(\varsigma, U) \leq \varsigma \left(1 + \tfrac{1}{2} \|U\| - \log \varsigma \right) . \qquad (1)$$

BEWEIS: Benutzt man die STIRLING-Formel in der Gestalt $- \log N! \leq N - N \log N$, so erhält man

$$g_V(\tfrac{N}{V}, U) = |V|^{-1} \log \sum_{c \in C_{V,N}} e^{-U_N(c)} \leq |V|^{-1} \log \left[\binom{|V|}{N} e^{\frac{1}{2}N \|U\|} \right]$$

$$\leq |V|^{-1} \log \frac{|V|^N}{N!} + \frac{N}{2|V|} \|U\| \leq \frac{N}{|V|} \left(1 + \tfrac{1}{2} \|U\| - \log \tfrac{N}{|V|} \right) .$$

Aus der Konkavität in ς der rechten Seite in (1) ergibt sich nunmehr die Behauptung für beliebiges $\varsigma \in [0,1]$.

                              QED.

LEMMA 2: (a) Für alle $U_0, U_1 \in \mathfrak{U}_{AS}$ und $\varsigma \in [0,1]$ gilt

$$| g_V(\varsigma, U_0) - g_V(\varsigma, U_1)| \leq \tfrac{\varsigma}{2} \| U_0 - U_1 \| .$$

(b) Die Familie der Funktionen $U \to g_V(.,U) \ (V \in \mathcal{V})$
von $\mathfrak{U}_{AS}$ in die Menge $C^{[0,1]}$ der stetigen Funktionen
auf $[0,1]$ (versehen mit der Topologie der gleichmäßigen

Konvergenz) ist gleichgradig stetig .

(c) Jedes g_V ist simultan in beiden Variablen stetig.

BEWEIS:"(a)": Für $a \in [0,1]$ setze $U_a := U_0 + a(U_1 - U_0)$. Dann gilt $\left| \frac{d}{da} \log Z_{V,N}(U_a) \right| =$

$$= Z_{V,N}(U_a)^{-1} \left| \sum_{c \in C_{V,N}} \left[-\frac{1}{2} \sum_{s,t \in M(c)}^{*} (U_1 - U_0)(s-t) \right] \exp\left[-\frac{1}{2} \sum_{s,t \in M(c)}^{*} U_a(s-t) \right] \right|$$

$\le \frac{N}{2} \| U_0 - U_1 \|$, also $|V|^{-1} \left| \log Z_{V,N}(U_1) - \log Z_{V,N}(U_0) \right| \le$

$\le |V|^{-1} \int_0^1 \left| \frac{d}{da} \log Z_{V,N}(U_a) \right| da \le \frac{N}{|V|} \frac{1}{2} \| U_1 - U_0 \|$. Für die Werte von ϱ , die kein Vielfaches von $|V|^{-1}$ sind, erhält man die Behauptung durch lineare Interpolation.

"(b)" und "(c)" sind unmittelbare Folgerungen aus (a) und der Stetigkeit von $g_V(.,U)$.   QED.

Das Lemma zeigt, daß wir uns beim Nachweis der Existenz von $g(.,U)$ auf Potentiale $U \in \mathcal{U}_{FR}$ beschränken können.

1.4   Ist $U \in \mathcal{U}_{FR}(R)$, so bezeichne zu $V \in \mathcal{V}$

$V^+ := \left\{ t \in T : \min_{s \in V} \max_{1 \le i \le \nu} |t^i - s^i| \le [R]^+ \right\}$ das um eine Randzone der Dicke $[R]^+$ erweiterte Volumen. Dabei seien $(t^i)_{1 \le i \le \nu}$ die Koordinaten eines Punktes $t \in T$ und $[R]^+$ die kleinste ganze Zahl $\doteq R$. Definiere $g_V^+(.)$ auf $[0,1]$ wie folgt: Für $\varrho = \frac{N}{|V^+|}$ setze $g_V^+(\varrho) := |V^+|^{-1} \log Z_{V,N}$ und setze g_V^+ durch lineare Interpolation auf $[0, \frac{|V|}{|V^+|}]$ fort. Für alle anderen ϱ setze $g_V^+(\varrho) := -\infty$.

LEMMA: Seien $U \in \mathcal{U}_{FR}(R)$ und $V, V_1, \ldots, V_n \in \mathcal{V}$ mit $V_1 \cup \ldots \cup V_n \subset V$ und $\min_{s \in V_i, t \in V_j} \| s-t \| \doteq R$ $(i \ne j)$. Dann gilt für alle $\varrho, \varrho_j \in [0,1]$ die Implikation

$$\varrho = \sum_{j=1}^{n} \frac{|V_j^+|}{|V^+|} \varrho_j \Rightarrow g_V^+(\varrho) \doteq \sum_{j=1}^{n} \frac{|V_j^+|}{|V^+|} g_{V_j}^+(\varrho_j) . \quad (1)$$

BEWEIS durch vollständige Induktion: Für n=1 ist (**1**)
wegen $Z_{V,N} \geq Z_{V_1,N}$ ($N \in \mathbb{Z}_+$) trivial. Induktionsschluß:
1. Sind $V, V_1, \ldots, V_n$ ($n \geq 2$) wie im Lemma gegeben, so setze
$W_1 := V_1 \cup \ldots \cup V_{n-1}$, $W_2 := V_n$. Sind weiter $N, N_1, N_2 \in \mathbb{Z}_+$
mit $N_1 + N_2 = N$ beliebig vorgegeben, so gilt mit

$$U_{1,m}(c_1,c_2) := U_{1+m}(c_1,c_2) - U_1(c_1) - U_m(c_2)$$

wegen $d(W_1,W_2) \geq R$

$$Z_{V,N} = \sum_{c \in C_{V,N}} \exp\left[- U_N(c)\right]$$

$$= \sum_{\substack{m_1+m_2=N \\ X_1,X_2 \subset V}} \sum_{\substack{c_i \in C_{X_i,m_i} \\ (i=1,2)}} \exp\left[- U_{m_1}(c_1) - U_{m_2}(c_2) - U_{m_1,m_2}(c_1,c_2)\right]$$

$$\geq \sum_{\substack{c_i \in C_{W_i,N_i} \\ (i=1,2)}} \exp\left[- U_{N_1}(c_1)\right] \exp\left[- U_{N_2}(c_2)\right] \quad,$$

also $Z_{V,N_1+N_2} \geq Z_{W_1,N_1} \, Z_{W_2,N_2}$ und daher

$$|v^+|\, g_V^+(\varrho) \geq |W_1^+|\, g_{W_1}^+(\varrho^1) + |W_2^+|\, g_{W_2}^+(\varrho^2) \quad, \qquad (\mathbf{2})$$

wobei $\varrho = \dfrac{N}{|v^+|}$, $\varrho^i = \dfrac{N_i}{|W_i^+|}$ (i=1,2) und also

$$|v^+|\, \varrho = |W_1^+|\, \varrho^1 + |W_2^+|\, \varrho^2 \qquad\qquad (\mathbf{3})$$

vorausgesetzt ist.

2. Die Gültigkeit von (**2**) für beliebige $\varrho, \varrho^1, \varrho^2 \in [0,1]$
mit (**3**) sieht man mit folgender Überlegung ein:
Besitzen $\varrho, \varrho^1, \varrho^2$ die Darstellung

$$\varrho = \frac{N+\Theta}{|v^+|} , \quad \varrho^i = \frac{N_i+\Theta_i}{|W_i^+|} \quad \text{mit } N_i \leq |W_i|-1, \; N \leq |V|-1, \; 0 \leq \Theta, \Theta_i \leq 1 \; (i=1,2),$$

so folgt aus (**3**) die Alternative:
Entweder gilt (a) $\Theta_1 + \Theta_2 = \Theta$, $N_1 + N_2 = N$
        oder (b) $\Theta_1 + \Theta_2 = \Theta + 1$, $N_1 + N_2 = N - 1$.
Bezeichnet $(N;N_1,N_2)$ die Ungleichung (**2**) für die Parameter
N,N_1,N_2 , so bilde im Fall (a) die Ungleichung
$(1-\Theta_1-\Theta_2) \, (N;N_1,N_2) + \Theta_1 \, (N+1;N_1+1,N_2) + \Theta_2 \, (N+1;N_1,N_2+1)$

und im Fall (b)

$$(1-\Theta_2)\,(N;N_1+1,N_2) + (1-\Theta_1)\,(N;N_1,N_2+1) + (\Theta_1+\Theta_2-1)\,(N+1;N_1+1,N_2+1).$$

Die erhaltenen Ungleichungen sind nichts anderes als (2), wenn man beachtet, daß jedes g_V^+ mit Hilfe linearer Interpolation definiert ist.

3. Seien nun $\varrho_1,\dots,\varrho_n$ beliebig in $[0,1]$ gewählt. Setze
$$\varrho^1 := \sum_{j=1}^{n-1} \frac{|V_j^+|}{|W_1^+|}\,\varrho_j \quad\text{und}\quad \varrho^2 := \varrho_n\,.$$
Dann gilt nach Induktionsvoraussetzung
$$g_{W_1}^+(\varrho^1) \geqq \sum_{j=1}^{n-1} \frac{|V_j^+|}{|W_1^+|}\,g_{V_j}^+(\varrho_j) \quad\text{und nach (2)}$$

$$g_V^+(\varrho) \geqq \frac{|W_1^+|}{|V^+|}\sum_{j=1}^{n-1}\frac{|V_j^+|}{|W_1^+|}\,g_{V_j}^+(\varrho_j) + \frac{|W_2^+|}{|V^+|}g_{W_2}^+(\varrho^2) = \sum_{j=1}^{n}\frac{|V_j^+|}{|V^+|}\,g_{V_j}^+(\varrho_j)\,,$$

wobei
$$\varrho = \frac{|W_1^+|}{|V^+|}\,\varrho^1 + \frac{|W_2^+|}{|V^+|}\,\varrho^2 = \sum_{j=1}^{n}\frac{|V_j^+|}{|V^+|}\,\varrho_j\,. \qquad\qquad \text{QED.}$$

1.5   Wir beweisen nun die Existenz von $g(.,U)$ für speziell konstruierte Folgen. Sei $U \in \mathfrak{U}_{FR}(R)$.

<u>DEFINITION</u> : Eine Folge $(W_k)_{k \in \mathbb{N}}$ in $\mathfrak{U}$ heiße <u>vom Standardtyp</u>, wenn sie aus achsenparallelen Würfeln besteht, deren Kantenlängen d_k festgelegt sind durch $d_1 = 1$, $d_{k+1} = 2(d_k + [R]^+)$.

<u>Eigenschaften einer Folge vom Standardtyp:</u>

(1) $|W_{k+1}^+| = (d_{k+1} + 2[R]^+)^\nu = 2^\nu\,|W_k^+| \ (k \in \mathbb{N})$.

(2)   Es können 2^ν Kuben vom Format W_k in W_{k+1} Platz finden dergestalt, daß zwischen je zwei benachbarten ein "Korridor" der Breite $2[R]^+$ verläuft.

(3) $|W_k^+|^{-1}\,|W_k| \nearrow 1 \ \ (k \nearrow \infty)$

Denn wegen $d_k^{-1}\,d_{k+1} > 2$ gilt $d_k > 2^{k-1}$ und also $d_k \to \infty$ für $k \to \infty$, und dies impliziert $|W_k^+|^{-1}|W_k| \to 1 \ (k \to \infty)$. Die Isotonie folgt aus $|W_k^+|^{-1}|W_{k+1}^+| = 2^\nu < d_k^{-\nu}\,d_{k+1}^\nu = |W_k|^{-1}|W_{k+1}|$.

Weiter gilt für $g_k^+ := g_{W_k}^+$:

(4) Für alle ϱ', $\varrho'' \in [0,1]$ ist

$$g_{k+1}^+ \left(\tfrac{1}{2} \varrho' + \tfrac{1}{2} \varrho'' \right) \geqslant \tfrac{1}{2} g_k^+(\varrho') + \tfrac{1}{2} g_k^+(\varrho'') .$$

Denn wegen Eigenschaft (2) können wir Lemma 1.4 anwenden mit $V = W_{k+1}$, $V_1, \dots, V_2$ Translate von W_k und $\varrho_1 = \dots = \varrho_{2^{\nu-1}} = \varrho'$, $\varrho_{2^{\nu-1}+1} = \dots = \varrho_{2^\nu} = \varrho''$. Beachtet man die Invarianz von g_k^+ unter Translationen von W_k, so erhält man hieraus wegen Eigenschaft (1) die Behauptung (4). Aus dieser folgt nun sofort für $\varrho' = \varrho'' = \varrho$

(4') Die Folge (g_k^+)$_{k \in \mathbb{N}}$ ist isoton.

<u>LEMMA</u> : Für jede Folge (W_k)$_{k \in \mathbb{N}}$ vom Standardtyp existiert (unabhängig von ihrer speziellen Wahl) lokal gleichmäßig in $(\varrho, U) \in [0,1[\times \mathfrak{UL}_{FR}(R)$ der Limes

$$g^{St}(\varrho, U) := \lim_{k \to \infty} g_k^+(\varrho, U) = \lim_{k \to \infty} g_{W_k}(\varrho, U) .$$

BEWEIS: 1. Die Folge (g_k^+)$_{k \in \mathbb{N}}$ ist (sogar lokal gleichmäßig) nach oben beschränkt, denn gemäß 1.3 Lemma 1 gilt $g_k^+ \left(\dfrac{N}{|W_k^+|} \right) \leq \dfrac{N}{|W_k^+|} \left(1 + \tfrac{1}{2} \| U \| - \log \dfrac{N}{|W_k^+|} \right) .$

2. Beachtet man Eigenschaft (4'), so findet man nun, daß für beliebiges $U \in \mathfrak{UL}_{FR}(R)$ die Folge ($g_k^+(\varrho)$)$_{k \in \mathbb{N}}$ für alle ϱ konvergiert, für welche $g_k^+(\varrho)$ schließlich endlich ist. Nach Eigenschaft (3) ist das für alle $\varrho \in [0,1[$ der Fall. Da g_k^+ invariant ist unter Translationen von W_k, ist g^{St} unabhängig von der speziellen Wahl der Standardfolge. 1.3 Lemma 2 impliziert die Stetigkeit von g^{St}, sofern es in ϱ stetig ist; dies werden wir in Abschnitt 2.2 ausschließlich mit Hilfe von Eigenschaft (4) zeigen. Der Satz von DINI lehrt somit, daß die Konvergenz lokal gleichmäßig erfolgt.

3. Aus der Gleichung $g_{W_k}(\varrho) = |W_k|^{-1} |W_k^+| g_k^+(|W_k^+|^{-1} |W_k| \varrho)$ und Eigenschaft (3) erhält man nun auch die lokal gleichmäßige Konvergenz von g_{W_k} gegen g^{St} .   QED.

1.6   Wir wollen nun das im letzten Abschnitt für Standard-
folgen erzielte Resultat auf allgemeinere Folgen ausdehnen.
Zu $V \in \mathcal{U}$ bezeichne

$$R(h,V) := \begin{cases} \{t \in V : \min\limits_{s \in \overline{V}} \max\limits_{1 \le i \le \nu} |t^i - s^i| \le h\} & h \ge 0 \\ \{t \in \overline{V} : \min\limits_{s \in V} \max\limits_{1 \le i \le \nu} |t^i - s^i| \le -h\} & h \le 0 \end{cases} \quad \text{für}$$

die Randschicht der Stärke h von V . Offenbar gilt

$$V^+ = V \cup R(-R,V) \quad (V \in \mathcal{U}).$$

<u>DEFINITION</u> :   Eine Folge $(V_k)_{k \in \mathbb{N}}$ in $\mathcal{U}$ heiße <u>regulär</u>,
wenn gilt: (a) $\lim\limits_{k \to \infty} |V_k|^{-1} R(h,V_k) = 0$ $(h \in \mathbb{R})$

(b)   Bezeichnet E_k das kleinste achsenparallele
Parallelepiped mit $E_k \supset V_k$, so existiere ein $\delta > 0$ mit

$$|V_k| \, |E_k|^{-1} \ge \delta \quad (k \in \mathbb{N}) .$$

Hierbei garantiert (a), daß im Limes Randeffekte vernach-
lässigt werden können, und (b) verlangt, daß die V_k nicht zu
stark gekrümmt sind.

<u>BEISPIELE</u> :   (1)   Jede unbeschränkte Folge ähnlicher
Parallelepipeds ist regulär, insbesondere jede unbeschränkte
Folge von Kuben. Dabei bedeutet "Parallelepiped" bzw. "Kubus"
den Durchschnitt von T mit einem Parallelepiped bzw. Kubus im
$\mathbb{R}^\nu$ (dessen Achsen zu denen von T nicht parallel zu sein brauchen).

(2)   Für $\nu = 2$ ist jede Folge von achsenparallelen Rechtecken V_k , deren Kantenlängen durch $K_1(V_k) = \text{const} \cdot k$ bzw.
$K_2(V_k) = \text{const} \cdot k^2$ gegeben sind, regulär.

(3)   Für $\nu = 2$ verletzt jede Folge von Rechtecken, bei denen
die Länge einer Kante beschränkt bleibt, die Bedingung (a) und
ist also nicht regulär.

(4) Ist (V_k)$_{k\in\mathbb{N}}$ eine Folge in $\mathcal{W}$, für welche die Folge ($|V_k|$)$_{k\in\mathbb{N}}$ beschränkt bleibt, so kann sie nach (a) nicht regulär sein.

(5) Ist $\nu = 2$ und V_k ein achsenparalleler 'Bumerang' mit Schenkellänge k^2 und Schenkelbreite k , so ist infolge (b) die Folge (V_k)$_{k\in\mathbb{N}}$ nicht regulär.

LEMMA 1 : (a) Ist $V \in \mathcal{W}$ mit achsenparallelen Würfeln der Kantenlänge $d \in \mathbb{N}$ bestmöglich gefüllt, so gilt für das Restvolumen

$$\Delta \subset R(d,V) .$$

(b) Ist $V \in \mathcal{W}$ und $E \supset V$ ein achsenparalleles Parallelepiped, so kann $E \setminus V$ so gut mit Würfeln der Kantenlänge $d \in \mathbb{N}$ gefüllt werden, daß für das Restvolumen gilt: $\nabla \subset R(-d,V)$.

Der BEWEIS diese Lemma ist trivial.

Wir führen folgende Bezeichnung ein: Ist $\varphi : \mathcal{W} \times \mathbb{Z}_+ \longrightarrow \mathbb{R}$ eine beliebige Funktion, so bezeichne das Symbol

$$\operatorname*{th-lim}_{\varrho} \; \varphi \, (\, V \, , \, N \,)$$

den "thermodynamischen Limes" $\lim\limits_{k \to \infty} \varphi \, (V_k, N_k)$ für eine beliebige reguläre Folge (V_k)$_{k\in\mathbb{N}}$ und eine Folge (N_k)$_{k\in\mathbb{N}}$ in $\mathbb{Z}_+$ mit $\lim\limits_{k \to \infty} N_k \, |V_k|^{-1} = \varrho$, falls dieser Limes existiert und ausschließlich von ϱ abhängt.

LEMMA 2 : Lokal gleichmäßig in (ϱ , U) $\in [0,1[\times \mathbb{U}_{FR}(R)$ existiert $g(\varrho) := g(\varrho, U) := \operatorname*{th-lim}_{\varrho} |V|^{-1} \log Z_{V,N}(U)$, und es gilt $g = g^{St}$.

BEWEIS: 1. Sei eine reguläre Folge (V_j)$_{j\in\mathbb{N}}$ gegeben. Wähle $k \in \mathbb{N}$ beliebig und fülle jedes V_j^+ optimal mit etwa n_j Exemplaren von W_k^+ . Bezeichnet Δ_j das leergebliebene Volumen von V_j^+ , so setze $a_j := 1 - n_j \, |W_k^+| \, |V_j^+|^{-1} = |\Delta_j| \, |V_j^+|^{-1}$. Das Lemma in 1.4 liefert uns nun für jedes $\varrho \leq n_j \, |W_k| \, |V_j^+|^{-1}$ mit $\varrho_j = (1-a_j)^{-1}$ folgende (endliche!) untere Schranke:

$$g_{V_j}^+(\rho) \geq n_j \, |W_k^+| \, |V_j^+|^{-1} \, g_k^+(\rho_j) = (1 - a_j) \, g_k^+(\rho_j) \,.$$

Nun implizieren Lemma 1 und die Regularität von $(V_j)_{j \in \mathbb{N}}$,

die sich auf $(V_j^+)_{j \in \mathbb{N}}$ überträgt, die Aussage

$$0 \leq a_j \leq |V_j^+|^{-1} \, |R(d_k + 2[R]^+, V_j^+)| \longrightarrow 0 \quad (j \to \infty) \,,$$

also $\lim\inf\limits_{j \to \infty} g_{V_j}^+(\rho) \geq g_k^+(\rho)$, für beliebiges $k \in \mathbb{N}$, also

nach Lemma 1.5 $\lim\inf\limits_{j \to \infty} g_{V_j}^+(\rho, U) \geq g^{St}(\rho, U)$ für alle

$(\rho, U) \in [0,1[\times \mathbb{U}_{FR}(R) \,.$

2. $S \in \mathbb{U}$ heiße Standardepiped, wenn gilt: Es gibt ein $l \in \mathbb{N}$

dergestalt, daß sich S^+ in Exemplare von W_l^+ zerlegen läßt.

$l(S)$ bezeichne das größte derartige l . Ist $(S_j)_{j \in \mathbb{N}}$ eine

unbeschränkte Folge von Standardepipeds, so existieren $l_j, L_j \in \mathbb{N}$

derart, daß L_j Exemplare von S_j^+ zu einem Standardwürfel $W_{l(S_j)+l_j}^+$
zusammengefügt werden können.

Da $(S_j)_{j \in \mathbb{N}}$ unbeschränkt, ist auch $(W_{l(S_j)+l_j}^+)_{j \in \mathbb{N}}$ unbe-

schränkt, d.h. es gilt $l(S_j) + l_j \to \infty$ $(j \to \infty)$. Aus Lemma 1.4

folgt $g_{l(S_j)+l_j}^+(\rho) \geq L_j \, |S_j^+| \, |W_{l(S_j)+l_j}^+|^{-1} \, g_{S_j}^+(\rho) = g_{S_j}^+(\rho)$

und somit zusammen mit 1. $\lim\limits_{j \to \infty} g_{S_j}^+(\rho, U) = g^{St}(\rho, U)$,

wobei sich die lokale Gleichmäßigkeit der Konvergenz der Folge

$(g_k^+)_{k \in \mathbb{N}}$ auf die Folge $(g_{S_j}^+)_{j \in \mathbb{N}}$ überträgt.

3. Zu V_j existiert ein kleinstes Standardepiped S_j mit $S_j \supset V_j$.

Fülle $S_j^+ \smallsetminus V_j^+$ gemäß Lemma 1 optimal durch etwa n^j Exemplare

von W_k^+ aus. Dann impliziert Lemma 1.4

$$g_{S_j}^+(\rho^j) \geq |V_j^+| \, |S_j^+|^{-1} \, g_{V_j}^+(\rho) + n^j |W_k^+| \, |S_j^+|^{-1} \, g_k^+(\rho^j) \qquad (1)$$

für jedes $\rho \in [0,1[$, wobei mit $a^j := |V_j^+|^{-1} |\nabla_j| := |V_j^+|^{-1} (|S_j^+| -$

$- |V_j^+| - n^j |W_k^+|)$ ρ^j definiert ist durch $\rho =: (1 + a^j) \, \rho^j$.

Mit Lemma 1 und der Regularität von $(V_j^+)_{j \in \mathbb{N}}$ erhält man wie

in 1. $a^j \to 0$ $(j \to \infty)$.

Ist E_j das kleinste achsenparallele Parallelepiped mit $E_j \supset V_j$,

so impliziert die Regularität von $(V_j)_{j \in \mathbb{N}}$ die Existenz eines

$\delta > 0$ mit $|V_j^+| \, |E_j^+|^{-1} \geqq \delta$. Ferner gilt $|S_j^+| \, |E_j^+|^{-1} \leqq 2^\nu$,
denn fügt man 2^ν Translate von E_j^+ zu einem ähnlichen
Parallelepiped $\underline{2^\nu E_j^+}$ zusammen, so existiert stets ein
Standardepiped S mit $E_j^+ \subset S^+ \subset \underline{2^\nu E_j^+}$, da die Menge der
erweiterten Standardepipeds gegenüber Kantenhalbierung
abgeschlossen ist. Es folgt $n^j \, |W_k^+| \, |V_j^+|^{-1} \leqq |S_j^+| \, |V_j^+|^{-1}$
$\leqq 2^\nu \delta^{-1} < \infty$. Bringen wir also Ungleichung (1) auf
die Gestalt

$$g_{V_j}^+(\varrho) \leqq (1 + a^j) g_{S_j}^+(\varrho^j) + n^j \, |W_k^+| \, |V_j^+|^{-1} \left[g_{S_j}^+(\varrho^j) - g_k^+(\varrho^j) \right] ,$$

so folgt aus 1. und 2., wenn wir erst j und dann k gegen
∞ streben lassen, die Existenz von $\lim\limits_{j \to \infty} g_{V_j}^+ = g^{St}$
(punktweise), und aus der Gleichmäßigkeit der Abschätzun-
gen können wir auf die lokale Gleichmäßigkeit der Konver-
genz schließen. Aus $g_{V_j}(\varrho, U) = |V_j^+| \, |V_j|^{-1} g_{V_j}^+(|V_j| |V_j^+|^{-1} \varrho, U)$
folgt somit die Behauptung.   QED.

1.7   <u>SATZ</u>: Lokal gleichmäßig in $(\varrho, U) \in [0,1[\times \mathfrak{U}_{AS}$
existiert $g(\varrho) := g(\varrho, U) := \text{th-}\lim\limits_{\varrho} |V|^{-1} \log Z_{V,N}(U)$
und erfüllt die Ungleichung

$$g(\varrho, U) \leqq \varrho \, (\, 1 + \tfrac{1}{2} \| U \| - \log \varrho \,) .$$

<u>DEFINITION</u>: g heißt (spezifische) <u>freie HELM-
HOLTZ-Energie pro Volumen</u> und die auf $]1, \infty[\times \mathfrak{U}_{AS}$ er-
klärte Funktion $f(v, U) := v \, g(v^{-1}, U) = \text{th-}\lim\limits_{v^{-1}} N^{-1} \log Z_{V,N}(U)$
(spezifische) <u>freie HELMHOLTZ-Energie pro Teilchen</u>.

BEWEIS: Nach 1.6 Lemma 2 existiert $\text{th-}\lim\limits_{\varrho} |V|^{-1} \log Z_{V,N}(U)$
für alle $U \in \mathfrak{U}_{FR}$ lokal gleichmäßig in ϱ . Seien nun
$I \subset [0,1[$ und $A \subset \mathfrak{U}_{AS}$ beliebige kompakte Mengen, ferner
$\varepsilon > 0$. Dann existieren Wechselwirkungspotentiale
$U_1, \ldots, U_n \in \mathfrak{U}_{FR}$ mit $A \subset \bigcup\limits_{i=1}^{n} \{ U : \| U - U_i \| < \tfrac{\varepsilon}{3} \}$. Ist nun

$(\ V_j \ )_{j \in \mathbb{N}}$ eine reguläre Folge, so existiert ein j_o $\in \mathbb{N}$, so daß für alle $j > j_o$, alle $i \in \{1, \dots, n\}$ und alle $\varsigma \in I$ die Ungleichung

$$| \ g(\varsigma, U_i) - g_{V_j}(\varsigma, U_i) | < \tfrac{\varepsilon}{3}$$

erfüllt ist. Infolge von 1.3 Lemma 2 hat man dann für beliebiges $U \in A$ die Abschätzung

$$| \ g(\varsigma, U) - g_{V_j}(\varsigma, U) | < \varepsilon .$$

Dies bedeutet aber, daß die Folge $(\ g_{V_j} \ )_{j \in \mathbb{N}}$ auf $I \times A$ gleichmäßig konvergiert. Die behauptete Ungleichung für g ist eine simple Konsequenz aus 1.3 Lemma 1.

QED.

§ 2

Eigenschaften der freien HELMHOLTZ-Energien

2.1   Bevor wir die Existenz des Druckes nachweisen, wollen wir eine wichtige Symmetriebeziehung herleiten. Wir vereinbaren folgende Bezeichnungsweise: Ist $\varphi : \mathcal{W} \to \mathbb{R}$ eine beliebige Funktion, so wollen wir sagen, der thermodynamische Limes

$$\text{th-lim } \varphi \, (V)$$

existiere, wenn für jede reguläre Folge $(V_j)_{j \in \mathbb{N}}$ der Limes $\lim_{j \to \infty} \varphi (V_j)$ existiert und für alle derartigen Folgen übereinstimmt.

<u>LEMMA</u>:   Lokal gleichmäßig in $U \in \mathfrak{U}_{AS}$ existiert der thermodynamische Limes der Funktionen

$$a_V(U) := | V |^{-1} \sum_{s \in V, t \in \bar{V}} | U(s-t)| \qquad (V \in \mathcal{W}),$$

und es gilt $\text{th-lim } a_V(U) = 0 \quad (U \in \mathfrak{U}_{AS})$.

BEWEIS: 1. Sei $U \in \mathfrak{U}_{FR}$ und r die Reichweite von U. Dann gilt
$$\sum_{s \in V, t \in \bar{V}} | U(s-t)| = \sum_{s \in R(r,V), t \in \bar{V}} | U(s-t)| \leq | R(r,V)| \, \| U \| ,$$

also $0 \leq \text{th-lim } a_V(U) \leq \| U \| \ \text{th-lim } | V |^{-1} | R(r,V)| = 0.$

2. Sind U_0, $U_1 \in \mathfrak{U}_{AS}$ beliebig, so gilt

$$| a_V(U_0) - a_V(U_1) | \leq | V |^{-1} \sum_{t \in V, s \in \bar{V}} | U_0(t-s) - U_1(t-s) | \leq$$

$$\leq | V |^{-1} \sum_{t \in V} \sum_{s \in T^*} | (U_0-U_1) (s)| = \| U_0 - U_1 \| .$$

Also ist die Familie $(a_V)_{V \in \mathcal{W}}$ auf $\mathfrak{U}_{AS}$ gleichgradig stetig, und hieraus folgt die Behauptung nach bekannten Sätzen der Analysis (vgl. etwa DIEUDONNÉ: Foundations of modern Analysis, Satz (7.5.5) und (7.5.6).) .   QED.

<u>SATZ:</u>   Sei $U \in \mathfrak{U}_{AS}$. Dann gilt mit
$$\hat{\mu} := \hat{\mu}(U) := \frac{1}{2} \sum_{t \in T}{}^{*} U(t) \quad :$$

Die Funktion $\rho \to g(\rho, U) + \hat{\mu}\rho$ ist auf $]0,1[$ symmetrisch bezüglich der Stelle $\rho = \frac{1}{2}$, d.h. es gilt
$$g(\rho) - g(1-\rho) = \hat{\mu}(1 - 2\rho) \quad (\rho \in]0,1[).$$

BEWEIS: Betrachte für $\rho \in]0,1[$ die Funktion
$G(\rho) := g(\rho) + \hat{\mu}\rho$. Dann gilt
$$G(\rho) = \operatorname*{th-lim}_{\rho} |V|^{-1} \log\left(Z_{V,N}\, e^{\hat{\mu} N} \right).$$
Wir müssen zeigen: $G(\rho) = G(1-\rho)$. Betrachte dazu

$$G(\rho) - G(1-\rho) = \operatorname*{th-lim}_{\rho} |V|^{-1} \log \frac{Z_{V,N}\, e^{\hat{\mu} N}}{Z_{V,|V|-N}\, e^{\hat{\mu}(|V|-N)}} =$$

$$= \operatorname*{th-lim}_{\rho} |V|^{-1} \log \frac{\displaystyle\sum_{c \in C_{V,N}} \exp\left[- U_N(c) \right]}{\displaystyle\sum_{c \in C_{V,N}} \exp\left[\hat{\mu}(|V|-2N) - U_{|V|-N}(1-c) \right]}.$$

Setzen wir $\delta_{V,N} := \displaystyle\max_{c \in C_{V,N}} \left[\hat{\mu}(|V|-2N) - U_{|V|-N}(1-c) + U_N(c) \right]$,

so erhalten wir

$$\delta_{V,N} = \max_{c \in C_{V,N}} \Big| \frac{1}{2} \sum_{s \in V, t \in T}{}^{*} U(s-t) - \sum_{s \in V, t \in T}{}^{*} c(s)U(s-t) -$$

$$-\frac{1}{2}\sum_{s,t \in V}{}^{*}[1-c(s)]\,[1-c(t)]\,U(s-t) + \frac{1}{2}\sum_{s,t \in V}{}^{*} c(s)c(t)U(s-t) \Big|$$

$$= \max_{c \in C_{V,N}} \Big| \sum_{s \in V, t \in \overline{V}} \left[\frac{1}{2} - c(s)\right] U(s-t) \Big|$$

$$\leq \frac{1}{2} |V|\, a_V(U) . \quad \text{Es folgt } G(\rho) - G(1-\gamma) \geq$$

$$\geq \operatorname*{th-lim}_{\rho} |V|^{-1} \log \frac{Z_{V,N}}{Z_{V,N}\, e^{\delta_{V,N}}} = - \operatorname*{th-lim}_{\rho} |V|^{-1}\, \delta_{V,N} \geq$$

$$\geq -\frac{1}{2} \operatorname{th-lim} a_V(U) = 0 . \quad \text{Vertauschen wir } \rho \text{ und}$$

$1-\rho$, so folgt die entgegengesetzte Ungleichung und damit

die Behauptung.   QED.

<u>COROLLAR</u>:   Ist g auf $[0,1[\times \mathbb{U}_{AS}$ stetig und setzt man $g(1,U) := -\hat{\mu}(U)$, so wird g zu einer auf $[0,1]\times \mathbb{U}_{AS}$ stetigen Funktion, und lokal gleichmäßig auf $[0,1]\times \mathbb{U}_{AS}$ gilt

$$g(\varrho,U) = \operatorname*{th-lim}_{\varrho} |V|^{-1} \log Z_{V,N}(U) .$$

<u>BEWEIS</u>:   Die stetige Fortsetzbarkeit folgt direkt aus dem Satz. Zusammen mit Satz 1.7 genügt zu zeigen, daß die Konvergenz auf $]0,1]\times \mathbb{U}_{AS}$ lokal gleichmäßig erfolgt. Nun ergibt sich aber aus dem Beweis des Satzes die Gleichung

$$|V|^{-1} \log Z_{V,N} = |V|^{-1} \log Z_{V,|V|-N} + \hat{\mu}(1-2N|V|^{-1}) + \Theta\, a_V(U)$$

mit $-\frac{1}{2} \leq \Theta \leq \frac{1}{2}$. Nach Satz 1.7 und dem letzten Lemma strebt die rechte Seite ihrem thermodynamischen Limes lokal gleichmäßig auf $]0,1]\times \mathbb{U}_{AS}$ zu, also auch die linke.   QED.

2.2   Wir stellen nun einige Konkavitätseigenschaften der freien HELMHOLTZ-Energien zusammen. Dazu dient folgendes

<u>LEMMA</u>:   Sei $I \subset \mathbb{R}$ ein offenes Intervall und $F:I \to \mathbb{R}$ eine beliebige Funktion. Dann bestehen zwischen den Eigenschaften

(a) $F\left(\dfrac{x+y}{2} \right) \geq \dfrac{F(x)+F(y)}{2}$ $(x,y \in I)$.

(b)   F ist auf I lokal nach unten beschränkt.

(c)   F ist auf I stetig.

(d)   F ist auf I konkav.

(e)   F besitzt auf I rechts- und linksseitige Ableitungen $\dfrac{d_{\pm} F}{dx}$, und für $x,y \in I$ mit $x < y$ gilt

$$\frac{d_+}{dx} F(y) \leq \frac{d_-}{dx} F(y) \leq \frac{d_+}{dx} F(x) \leq \frac{d_-}{dx} F(x) .$$

die Implikationen $(a) \wedge (b) \Rightarrow (c)$ und $(a) \wedge (c) \Rightarrow (d) \wedge (e)$.

Einen BEWEIS dieses Lemma findet man beispielsweise in HARDY-LITTLEWOOD-POLYA: Inequalities .

BEMERKUNG: Für alle $U \in \mathfrak{U}_{AS}$ erfüllt $F = g(. , U)$ auf $I =]0,1[$ die Eigenschaften (a) und (b) des Lemma.

BEWEIS: "(a)" ergibt sich für $U \in \mathfrak{U}_{FR}$ sofort aus 1.5 Eigenschaft (4) und für beliebiges $U \in \mathfrak{U}_{AS}$ aus der Stetigkeit von $g(\varrho, .)$ auf $\mathfrak{U}_{AS}$ für festes $\varrho \in]0,1[$, und diese erhält man aus Lemma 1.3 .

"(b)": Aus der Monotonie der Folge $(g_k^+)_{k \in \mathbb{N}}$ erhält man für beliebiges $k \in \mathbb{N}$ die Ungleichung $g(.,U) \geqslant g_k^+(.,U)$ zunächst für $U \in \mathfrak{U}_{FR}$ und aus Stetigkeitsgründen für alle $U \in \mathfrak{U}_{AS}$. Ist $J \subset]0,1[$ ein beliebiges abgeschlossenes Intervall, so existiert ein $k \in \mathbb{N}$ mit $J \subset [0 , |W_k| |W_k^+|^{-1}]$.
Dann gilt für alle $\varrho \in J$ die zu beweisende Ungleichung

$$g(\varrho , U) \geqslant |W_k^+|^{-1} \log \min_{0 \leq N \leq |W_k|} Z_{W_k,N}(U) = \text{const} > -\infty \quad .\text{QED.}$$

SATZ: (a) g ist auf $[0,1] \times \mathfrak{U}_{AS}$, f auf $[1, \infty[\times \mathfrak{U}_{AS}$ stetig.

(b) Für alle $U \in \mathfrak{U}_{AS}$ ist $g(. , U)$ auf $[0,1]$ konkav und $f(. , U)$ auf $[1, \infty[$ konkav und isoton.

(c) Für alle $\varrho \in [0,1]$ ist $g(\varrho, .)$ auf $\mathfrak{U}_{AS}$ konvex, ebenfalls $f(v , .)$ für alle $v \in [1, \infty[$.

(d) Für alle $U \in \mathfrak{U}_{AS}$ existieren auf $]0,1[$ die halbseitigen Ableitungen $\dfrac{\partial_\pm}{\partial \varrho}$ $g (. , U)$ und auf $]1, \infty[$ $\dfrac{\partial_\pm}{\partial v}$ $f (. , U)$ und sind antiton.

BEWEIS: "(a)": Lemma 1.3 impliziert, daß g bereits auf $[0,1] \times \mathfrak{U}_{AS}$ stetig ist, wenn für jedes $U \in \mathfrak{U}_{AS}$ $g(.,U)$ auf $[0,1]$ stetig ist. Die Stetigkeit auf $]0,1[$ folgt nun aber aus dem Lemma und der anschließenden Bemerkung; aus der Ungleichung $g_k^+(\varrho , U) \leq g(\varrho,U) \leq \varrho (1 + \frac{1}{2} \|U\| - \log \varrho)$

folgt die Stetigkeit in 0, und Satz 2.1 impliziert, daß sich $g(.,U)$ stetig auf $[0,1]$ fortsetzen läßt durch $g(1,U) := -\hat\mu(U)$. Die Stetigkeit von f ergibt sich aus der Definitionsgleichung $f(v,U) = v\, g(v^{-1},U)$ ($v \geq 1$).

"(b)": Die Konkavität von $g(.,U)$ auf $]0,1[$ und daher wegen (a) auch auf $[0,1]$ folgt aus der Bemerkung. Aus dem Lemma erhält man weiter die Konkavität von $f(.,U)$, sobald gezeigt ist: $f(\tfrac{1}{2}v_1+\tfrac{1}{2}v_2) \geq \tfrac{1}{2}f(v_1) + \tfrac{1}{2}f(v_2)$ ($v_1, v_2 \geq 1$). Nun gilt aber mit $a := \dfrac{v_1}{v_1+v_2} \in [0,1]$

$$f\left(\frac{v_1+v_2}{2}\right) = \frac{v_1+v_2}{2}\, g\left(a\, v_1^{-1}+(1-a)v_2^{-1} \right) \geq$$

$$\geq \frac{v_1+v_2}{2}\, a\, g(v_1^{-1}) + (1-a)g(v_2^{-1}) = \frac{f(v_1) + f(v_2)}{2} \ .$$

Die Isotonie von $f(.,U)$ ergibt sich auf folgende Weise: Aus $g(0) = 0$ folgt $g(a\varrho) = g(a\varrho +(1-a)0) \geq a\, g(\varrho)$ für alle $a \in [0,1]$. Also gilt für $v_1 \leq v_2$ mit $a := v_1\, v_2^{-1}$

$$f(v_2) = v_2\, g(a\, v_1^{-1}) \geq v_2\, a\, g(v_1^{-1}) = f(v_1) \ .$$

"(c)" folgt aus der Konvexität von $\log Z_{V,N}(.)$ auf $\mathbb{U}_{AS}$. Die HÖLDERsche Ungleichung liefert nämlich für $U_0, U_1 \in \mathbb{U}_{AS}$ und $a \in [0,1]$ $\quad Z_{V,N}(a\, U_0 + (1-a)\, U_1) =$

$$= \sum_{c \in C_{V,N}} \left(e^{-U_N^0(c)} \right)^a \left(e^{-U_N^1(c)} \right)^{1-a} \leq$$

$$\leq \left[Z_{V,N}(U_0)\right]^a \left[Z_{V,N}(U_1)\right]^{1-a} \ .$$

"(d)" ist eine unmittelbare Folgerung aus dem Lemma.

$$\text{QED.}$$

<u>BEMERKUNG</u>: (1)   Für alle $U \in \mathbb{U}_{AS}$ ist $g(.,U)$ bis auf höchsten abzählbar viele Stellen differenzierbar.

(2)   Überall auf $]0,1[$ mit Ausnahme höchstens einer LEBESGUE-Nullmenge existiert bei beliebigem $U \in \mathbb{U}_{AS}$ $\dfrac{\partial^2}{\partial\varrho^2} g(.,U)$. In gleicher Weise existiert LEBESGUE-fast-überall auf $]1,\infty[$ die "inverse Kompressibilität" $K^{-1}(v,U) := -\, v\, \dfrac{\partial^2}{\partial v^2} f(v,U)$. Sie ist nichtnegativ.

BEWEIS: "(1)": $\frac{\partial^-}{\partial\varrho}$ g (. , U) ist monoton und daher bis auf höchstens abzählbar viele Ausnahmestellen stetig. Für jede Stetigkeitsstelle ϱ erhält man aus Aussage (e) des Lemma (und der anschließenden Bemerkung) die Gleichung $\frac{\partial^-}{\partial\varrho}$ g (ϱ , U) = $\frac{\partial^+}{\partial\varrho}$ g (ϱ , U) und somit die Differenzierbarkeit von g(. ,U) an der Stelle ϱ .

"(2)": Nach einem Satz von LEBESGUE (vgl. RIESZ,F. & B. Sz.-NAGY , Functional Analysis , S. 5) ist jede monotone reelle Funktion auf einem Intervall in $\mathbb{R}$ LEBESGUEfastüberall differenzierbar. Somit ergibt sich die Behauptung aus (1) .   QED.

2.3   Wir zeigen nun die Existenz des Drucks und einige qualitative Eigenschaften der **Isotherme, welche mit den experimentellen Tatsachen übereinstimmen.** Zur Vorbereitung dient folgendes

<u>LEMMA 1</u> :   Zu jeder kompakten Menge $K \subset]0,1[\times \mathbb{U}_{AS}$ existieren zwei Konstanten $A > 0$ und $B > 0$ derart, daß für jede reguläre Folge und jedes hinreichend große Volumen V in dieser Folge, sowie alle $U \in \mathbb{U}_{AS}$ und $N \in \mathbb{Z}_+$ mit $(N |V|^{-1}, U) \in K$ gilt:

$$(a) \quad N \frac{Z_{V,N}(U)}{Z_{V,N-1}(U)} \quad \leq \quad (N+1) \frac{Z_{V,N+1}(U)}{Z_{V,N}(U)} \quad + \quad A$$

$$(b) \quad \frac{Z_{V,N+1}(U)}{Z_{V,N}(U)} \quad \geq \quad B \frac{|V|}{N+1} \quad .$$

BEWEIS: "(a)": Zu $c \in C_{V,N}$ bezeichne $M(c) :=$ $:= \left\{ t \in V : c(t) = 1 \right\}$ die Menge der bei c besetzten Gitterpunkte und zu $\psi : C_{V,N} \to \mathbb{R}$ $E_{V,N}(\psi) := \sum_{c \in C_{V,N}} \psi(c) q_{V,N}(c)$ den Erwartungswert von ψ bezüglich des Maßes $q_{V,N}$.

Mit $\psi_{V,N} := \sum_{t \in V \setminus M(c)} \exp\left[- \sum_{s \in M(c)} U(s-t)\right]$ ergibt sich dann die Identität

$$(N+1) \frac{Z_{V,N+1}}{Z_{V,N}} = \frac{N+1}{Z_{V,N}} \sum_{c \in C_{V,N+1}} \exp\left[- U_N(c)\right] =$$

$$= Z_{V,N}^{-1} \sum_{c \in C_{V,N}} \left\{ \exp\left[-\frac{1}{2} \sum_{s,t \in M(c)}^{*} U(s-t)\right] \sum_{t \in V \setminus M(c)} \exp\left[- \sum_{s \in M(c)} U(s-t)\right] \right\}$$

$$= E_{V,N}(\psi_{V,N}) .$$ Betrachte nun die Summe

$$S_1 := N^{-1} \sum_{c \in C_{V,N-1}} \sum_{s_0 \in V \setminus M(c)} \psi_{V,N-1}(c) \, q_{V,N}(c,s_0) ,$$

wobei (c,s_0) diejenige Konfiguration in $C_{V,N}$ mit $M(c,s_0) = M(c) \cup \{s_0\}$ bezeichne. S_1 erfüllt die Ungleichung

$$S_1 = Z_{V,N}^{-1} N^{-1} \sum_{c \in C_{V,N-1}} \left\{ \psi_{V,N-1}(c) \sum_{s_0 \in V \setminus M(c)} \exp\left[- \sum_{s \in M(c)} U(s-s_0)\right] e^{-U_{N-1}(c)} \right\}$$

$$= N \frac{Z_{V,N-1}}{Z_{V,N}} E_{V,N-1}(\psi_{V,N-1}^2) = \frac{E_{V,N-1}(\psi_{V,N-1}^2)}{E_{V,N-1}(\psi_{V,N-1})} \geq$$

$$\geq E_{V,N-1}(\psi_{V,N-1}) = N \frac{Z_{V,N}}{Z_{V,N-1}} .$$ Also gilt

$$N \frac{Z_{V,N}}{Z_{V,N-1}} \leq S_1 \leq (N+1) \frac{Z_{V,N+1}}{Z_{V,N}} + S_2 ,$$

wobei $S_2 := N^{-1} \sum_{c \in C_{V,N-1}} \sum_{s_0 \in V \setminus M(c)} |\psi_{V,N}(c,s_0) - \psi_{V,N-1}(c)| \, q_{V,N}(c,s_0) .$

Teil (a) des Lemma ist also bewiesen, wenn S_2 (gleichmäßig auf K) durch eine Konstante A abgeschätzt werden kann. Nun ist für $c \in C_{V,N-1}$, $s_0 \in V \setminus M(c)$ und $t \in V \setminus M(c,s_0)$

$$\left| \exp\left[- \sum_{s \in M(c)} U(s-t)\right] - \exp\left[- \sum_{s \in M(c,s_0)} U(s-t)\right] \right| =$$

$$= \left| (1 - e^{-U(s_0-t)}) \exp\left[- \sum_{s \in M(c)} U(s-t)\right] \right| \leq e^{\|U\|} |1 - e^{-U(s_0-t)}| .$$

Ferner hat man die Abschätzungen

$$\sum_{t\in T^*}|1 - e^{-U(t)}| = \sum_{U(t)>0}(1 - e^{-U(t)}) + \sum_{U(t)<0}(e^{-U(t)} - 1)$$

$$\leq \sum_{U(t)>0} U(t) + \exp\left[-\min_{t\in T^*} U(t)\right]\sum_{U(t)<0}(-U(t)) \leq A(U)\,\|U\|$$

mit einer Konstanten $A(U)$. Dies führt schließlich zu der Abschätzung

$$\left|\sum_{t\in V\setminus M(c,s_0)}\exp\left[-\sum_{s\in M(c,s_0)}U(s-t)\right] - \sum_{t\in V\setminus M(c)}\exp\left[-\sum_{s\in M(c)}U(s-t)\right]\right| \leq$$

$$\leq \exp\left[-\sum_{s\in M(c)}U(s-s_0)\right] + e^{\|U\|}\sum_{t\in V\setminus M(c,s_0)}|1 - e^{-U(s_0-t)}| \leq$$

$$\leq e^{\|U\|}(1 + A(U)\|U\|)\,.$$ Der letzte Term ist stetig und nimmt also sein Maximum A über K an. Hieraus resultiert die gewünschte Abschätzung

$$S_2 \leq N^{-1}\sum_{c\in C_{V,N-1}}\sum_{s_0\in V\setminus M(c)} A\; q_{V,N}(c,s_0) = E_{V,N}(A) = A\,.$$

"(b)":   Für beliebiges $j \in \mathbb{N}$ liefert wiederholte Anwendung von (a) die Ungleichung

$$(N-j+1)\frac{Z_{V,N-j+1}}{Z_{V,N-j}} \leq (N+1)\frac{Z_{V,N+1}}{Z_{V,N}} + j\,A\,. \qquad (1)$$

Wir erhalten also für $k \in \mathbb{N}$

$$\frac{Z_{V,N+1}}{Z_{V,N-k}} \leq \frac{(N-k)!}{(N+1)!}\prod_{j=0}^{k}\left[\frac{(N+1)Z_{V,N+1}}{Z_{V,N}} + j\,A\right]$$

und weiter $\log\dfrac{Z_{V,N+1}}{Z_{V,N-k}} \leq$

$$\leq \log\left[\frac{(N-k)!}{(N+1)!}(N+1)^{k+1}\right] + (k+1)\log\left[\frac{Z_{V,N+1}}{Z_{V,N}} + \frac{k\,A}{N+1}\right] \leq$$

$$\leq (k+1)\left\{\log\frac{N+1}{N-k+1} + \log\left[\frac{Z_{V,N+1}}{Z_{V,N}} + \frac{k\,A}{N+1}\right]\right\}\,.$$ Infolge Corollar 2.1 und Satz 2.2 gilt gleichmäßig auf K

$$|\,|V|^{-1}\log Z_{V,N+1}(U) - g(\tfrac{N+1}{V}, U)| \leq \tfrac{1}{2}\,\varepsilon(|V|)\quad\text{und}$$

$$|\,|V|^{-1}\log Z_{V,N-k}(U) - g(\tfrac{N-k}{V}, U)| \leq \tfrac{1}{2}\,\varepsilon(|V|)\,,$$

wobei $\varepsilon(x) \to 0\;(x\to\infty)$. Hieraus folgt dann

$$\frac{Z_{V,N+1}}{Z_{V,N}} \geq \exp\left[\frac{|V|}{k+1}\left\{g(\frac{N+1}{V})-g(\frac{N-k}{V})-\varepsilon(|V|)\right\}\right]\frac{N+1-k}{N+1} - \frac{k}{N+1}\frac{A}{} \quad .(\,2\,)$$

Aus Satz 2.2(d) folgt, daß g auf K eine Lipschitzbedingung erfüllt, etwa mit L . Ist nun $k|V|^{-1}$ so klein, daß $(\frac{N-k}{V}, U) \in K$ ist, so folgt

$$\frac{N+1}{|V|}\frac{Z_{V,N+1}}{Z_{V,N}} \geq \exp\left[-L - \frac{|V|\,\varepsilon(|V|)}{k+1}\right]\frac{N+1-k}{|V|} - \frac{k}{|V|}\frac{A}{} \quad .$$

Ist nun $x := \frac{k+1}{|V|}$ sogar so klein und $b > 0$ drart gewählt, daß für alle $\frac{N}{|V|}$ "in K" die Ungleichungen $\frac{N+1}{|V|} - \frac{k}{|V|} \geq b$ und $\frac{k\,A}{|V|} < \frac{b}{2} e^{-L}$ erfüllt sind, und ist ferner $|V|$ so groß, daß $\exp\left[-\frac{\varepsilon(|V|)}{x}\right] - \frac{1}{2} \geq \frac{1}{4}$, so gilt

$$\frac{N+1}{|V|}\frac{Z_{V,N+1}}{Z_{V,N}} \geq b\,e^{-L}\left(\exp\left[-\frac{\varepsilon(|V|)}{x}\right] - \frac{1}{2}\right) \geq \frac{b}{4} e^{-L} =: B$$

mit einer nur von K abhängigen Konstanten B .   QED.

LEMMA 2 : Sei E ein metrischer Raum und $I \subset \mathbb{R}$ ein offenes Intervall, g eine reelle Funktion auf $I \times E$. Für jedes $y \in E$ sei $g(\,.\,,y)$ auf I konkav und an der Stelle $x_0 \in I$ differenzierbar. Für alle x aus einer Umgebung von x_0 sei $g(x,\,.\,)$ auf E stetig. Dann ist auch $\frac{\partial}{\partial x} g(x_0,\,.\,)$ stetig auf E.

BEWEIS: Angenommen, $\frac{\partial}{\partial x} g(x_0,\,.\,)$ wäre an einer Stelle $y_0 \in E$ unstetig. Dann existieren eine Folge $(y_n)_{n \in \mathbb{N}}$ mit $y_n \to y_0$ ($n \to \infty$) und ein $a > 0$ mit

$$\left|\frac{\partial}{\partial x} g(x_0,y_n) - \frac{\partial}{\partial x} g(x_0,y_0)\right| \geq a \qquad (n \in \mathbb{N})\,.$$

Ohne Beschränkung der Allgemeinheit können wir annehmen, daß $\frac{\partial}{\partial x} g(x_0,y_0) = 0$ ist und daß das Vorzeichen von $\frac{\partial}{\partial x} g(x_0,y_n)$ für alle $n \in \mathbb{N}$ konstant ist, etwa positiv. (Der Fall negativen Vorzeichens wird in bis auf Vorzeichen gleicher Weise behandelt). Wähle nun $h > 0$ derart, daß

gilt: h^{-1} ($g(x_0,y_0) - g(x_0-h,y_0)$) $<$ a . Dann existiert
ein $\varepsilon > 0$ mit $g(x_0-h,y_0) \geqq g(x_0,y_0) + \varepsilon - h\,a$. Die Konkavität von $g(\,\cdot\,,y_n)$ impliziert weiter

$$g(x_0-h,y_n) \leqq g(x_0,y_n) - h\,\frac{\partial}{\partial x}\,g(\,x_0,y_n) \leqq g(x_0,y_n) - h\,a .$$

Aus Stetigkeitsgründen gilt für hinreichend großes $n \in \mathbb{N}$
$g(x_0,y_n) \leqq g(x_0,y_0) + \frac{\varepsilon}{2}$. Die erhaltenen Ungleichungen
liefern zusammen für hinreichend großes n

$$g(x_0-h,y_n) \leqq g(x_0,y_0) + \frac{\varepsilon}{2} - h\,a \leqq g(x_0-h,y_0) - \frac{\varepsilon}{2} \quad ,$$

und dies steht für hinreichend kleines h im Widerspruch
zur Voraussetzung.   QED.

SATZ 1 :   (a)   Für alle $U \in \mathbb{U}_{AS}$ ist die Funktion
$g(\,\cdot\,,U)$ auf $]0,1[$ stetig differenzierbar und existiert
auf $]1,\infty[$ der Druck $p(\,\cdot\,,U) := \frac{\partial}{\partial v}\,f(\cdot,U)$ und ist stetig.

(b)   Zu jeder kompakten Menge $K \subset]0,1[\times \mathbb{U}_{AS}$ existiert
eine Lipschitzkonstante L mit
$$(\varrho,U),(\varrho',U) \in K \implies |\,\frac{\partial}{\partial \varrho}g(\varrho,U) - \frac{\partial}{\partial \varrho}g(\varrho',U)| \leqq L\,|\varrho - \varrho'| .$$
$\frac{\partial g}{\partial \varrho}$ und p sind auf ihrem Definitionsbereich (simultan in
beiden Variablen) stetig.

(c)   Lokal gleichmäßig auf $]0,1[\times \mathbb{U}_{AS}$ konvergiert

$$\frac{\partial}{\partial \varrho}\,g(\varrho,U) = \operatorname*{th-lim}_{\varrho}\,\log \frac{Z_{V,N+1}(U)}{Z_{V,N}(U)} \quad .$$

(d)   Für alle $U \in \mathbb{U}_{AS}$ ist $\frac{\partial}{\partial \varrho}\,g(\,\cdot\,,U)$ auf $]0,1[$
antiton, ebenfalls die Isotherme $p(\,\cdot\,,U)$ auf $]1,\infty[$.

Aussage (d) bedeutet physikalisch, daß in unserer
Situation keine " VAN DER WAALS-Schleife " und keine la-
tente Wärme auftritt. Dies folgt aus der Tatsache, daß
die GIBBS-Verteilung nur Systeme im thermodynamischen
Gleichgewicht beschreibt.

BEWEIS: "(a)": Nach Satz 2.2 existieren auf $]0,1[$ $\frac{\partial^-}{\partial\varrho} g$ und $\frac{\partial^+}{\partial\varrho} g$. Wir zeigen, daß sie übereinstimmen. Aus Lemma 1 folgt

$$\frac{Z_{V,N}^2}{Z_{V,N-1} Z_{V,N+1}} \leqslant \frac{N+1}{N}\left(1 + \frac{A}{B|V|}\right)$$

auf einer beliebig zugrundegelegten kompakten Menge K. Durch Logarithmieren erhält man mit $L := \frac{A}{B} + 2 \max_K \frac{1}{\varrho}$

wegen $\log\left[\frac{N+1}{N}\left(1+\frac{A}{B|V|}\right)\right] = \frac{1}{N}\left[\log\left(\frac{N+1}{N}\right)^{|V|} + \log\left(1+\frac{A}{B|V|}\right)^{|V|}\right] \leqslant$

$\leqslant \frac{1}{|V|}\left[|V|\,\frac{1}{N} + \frac{A}{B}\right] \leqslant \frac{L}{|V|}$, falls $\frac{N}{|V|} \to \frac{1}{\varrho}$, die Ungleichung

$$\log Z_{V,N} - \log Z_{V,N+1} \leqslant \log Z_{V,N-1} - \log Z_{V,N} + \frac{L}{|V|} .$$

Bezeichnet $g_N := |V|^{-1} \log Z_{V,N}$ und $\nabla g_N := g_N - g_{N+1}$, so lautet die letzte Ungleichung

$$\nabla g_N \leqslant \nabla g_{N-1} + L\,|V|^{-2} .$$

Weiter gilt für $k \in \mathbb{N}$

$$2\,g_N - g_{N-k} - g_{N+k} = \sum_{j=0}^{k-1} \nabla g_{N+j} - \sum_{j=1}^{k} \nabla g_{N-j} \quad \text{und}$$

$$\sum_{j=0}^{k-1} \nabla g_{N+j} \leqslant k\,L\,|V|^{-2} + \sum_{j=-1}^{k-2} \nabla g_{N+j} \leqslant \ldots \leqslant k^2 L |V|^{-2} +$$

$$+ \sum_{j=1}^{k} \nabla g_{N-j} \quad , \text{ also } \quad 2\,g_N - g_{N-k} - g_{N+k} \leqslant k^2 L\,|V|^{-2} .$$

Im thermodynamischen Limes erhalten wir daraus mit $\delta := \lim \frac{k}{|V|}$ die Ungleichung

$$2\,g(\varrho) - g(\varrho - \delta) - g(\varrho + \delta) \leqslant \delta^2 L .$$

Ferner gilt für $\delta > 0$ $\quad g(\varrho) - g(\varrho - \delta) = \frac{\partial^-}{\partial\varrho} g(\varrho)\,\delta + o(\delta)$ und $g(\varrho) - g(\varrho + \delta) = -\frac{\partial^+}{\partial\varrho} g(\varrho)\,\delta + o(\delta)$. Dies impliziert die zu beweisende Ungleichung

$$0 \leqslant \frac{\partial^-}{\partial\varrho} g(\varrho) - \frac{\partial^+}{\partial\varrho} g(\varrho) \leqslant \delta\,L + \frac{o(\delta)}{\delta} \to 0 \ (\delta \to 0) .$$

Existenz und Stetigkeit des Drucks folgen nun aus der Beziehung $p(v,U) = g(v^{-1},U) - v^{-1}\frac{\partial}{\partial\varrho} g(v^{-1},U)$, (3) welche unmittelbar aus der Definition des Drucks folgt.

"(b)":   Für $n,k \in \mathbb{N}$ erhält man wie in "(a)"

$$(g_N - g_{N-k}) - (g_{N+n+k} - g_{N+n}) = - \sum_{j=1}^{k} \nabla g_{N-j} + \sum_{j=0}^{k-1} \nabla g_{N+n+j}$$

$\leq \dfrac{k(n+k)L}{|V|^2}$.   Im thermodynamischen Limes folgt hieraus

für $r := \lim \dfrac{n}{|V|} > 0$ und $\delta := \lim \dfrac{k}{|V|} > 0$

$$g(\varrho, U) - g(\varrho - \delta, U) + g(\varrho + r, U) - g(\varrho + r + \delta, U) \leq$$

$\leq L \, \delta \, (r + \delta)$. Nach Division durch δ ergibt dies im Limes

für $\delta \to 0$ die Lipschitzeigenschaft

$$0 \leq \frac{\partial}{\partial \varrho} g(\varrho, U) - \frac{\partial}{\partial \varrho} g(\varrho + r, U) \leq L \, r .$$

Damit ist die erste Aussage bewiesen. Diese impliziert zusammen mit Lemma 2 und Beziehung (3) die zweite.

"(c)":   Ungleichung (2) impliziert mit $\delta := \lim \dfrac{k}{|V|} > 0$

$$\text{th-}\lim_{\varrho} \inf \frac{Z_{V,N+1}}{Z_{V,N}} \geq \exp\left[\frac{g(\varrho) - g(\varrho - \delta)}{\delta}\right] \frac{\varrho - \delta}{\varrho} - \frac{\delta A}{\varrho} \quad (4).$$

Hieraus folgt für $\delta \to 0$

$$\text{th-}\lim_{\varrho} \inf \frac{Z_{V,N+1}(U)}{Z_{V,N}(U)} \geq \exp\left[\frac{\partial}{\partial \varrho} g(\varrho, U)\right] \quad ((\varrho, U) \in \,]0,1[\times \mathbb{U}_{AS}). \qquad (5)$$

Andrerseits folgt aus (1) für $j \in \mathbb{N}$

$$(N + j + 1) \frac{Z_{V,N+j+1}}{Z_{V,N+j}} \geq (N + 1) \frac{Z_{V,N+1}}{Z_{V,N}} - j A .$$

Nach Lemma 1 (b) gilt für hinreichend kleines $\dfrac{j}{|V|}$

$$(N + 1) \frac{Z_{V,N+1}}{Z_{V,N}} - j A \geq |V| \left(B - \frac{j}{|V|} A \right) > 0.$$

Wir erhalten so für $k \in \mathbb{N}$ ($\dfrac{k}{|V|}$ hinreichend klein)

$$\frac{(N+k+1)!}{N!} \frac{Z_{V,N+k+1}}{Z_{V,N}} \geq \prod_{j=0}^{k} \left[(N+1) \frac{Z_{V,N+1}}{Z_{V,N}} - j A \right]$$

$$\geq (N + 1)^{k+1} \left[\frac{Z_{V,N+1}}{Z_{V,N}} - \frac{k A}{N+1} \right]^{k+1}$$

also

$$\frac{Z_{V,N+k+1}}{Z_{V,N}} \geqslant \left(\frac{N+1}{N+k+1}\right)^{k+1} \left[\frac{Z_{V,N+1}}{Z_{V,N}} - \frac{k\,A}{N+1}\right]^{k+1} .$$

Logarithmieren wir diese Ungleichung und lösen sie nach $Z_{V,N+1}\, Z_{V,N}^{-1}$ auf, so erhalten wir

$$\frac{Z_{V,N+1}}{Z_{V,N}} \leqslant \exp\left[\frac{|V|}{k+1}\left(g_{N+k+1} - g_N\right)\right] \frac{N+k+1}{N+1} + \frac{k\,A}{N+1} .$$

Ist wieder $\delta := \lim \frac{k}{|V|} > 0$, so folgt hieraus

$$\text{th-}\lim_{\varsigma} \sup \frac{Z_{V,N+1}}{Z_{V,N}} \leqslant \exp\left[\frac{g(\varsigma+\delta) - g(\varsigma)}{\delta}\right] \frac{\varsigma+\delta}{\varsigma} + \frac{\delta\,A}{\varsigma} \qquad (\,6\,)$$

und für $\delta \to 0$ zusammen mit $(\,5\,)$

$$\text{th-}\lim_{\varsigma} \frac{Z_{V,N+1}(U)}{Z_{V,N}(U)} = \exp\left[\frac{\partial}{\partial\varsigma}\, g(\varsigma, U)\right] .$$

Die lokale Gleichmäßigkeit der Konvergenz folgt aus $(\,4\,)$ und $(\,6\,)$, wenn man beachtet, daß für $\delta \searrow 0$ die Folgen $\delta^{-1}\left[g(\varsigma+\delta) - g(\varsigma)\right]$ und $\delta^{-1}\left[g(\varsigma) - g(\varsigma-\delta)\right]$ wegen der Konkavität von g monoton sind und also wegen "$(\,b\,)$" und dem Satz von DINI lokal gleichmäßig in (ς, U) konvergieren.

   "$(\,d\,)$" folgt unmittelbar aus Satz 2.2 .   QED.

   <u>SATZ 2</u> : $(\,a\,)$ Für alle $(\varsigma, U) \in \,]0,1[\times \mathfrak{U}_{AS}$ gilt

$$\frac{\partial}{\partial\varsigma}\, g(\varsigma, U) + \frac{\partial}{\partial\varsigma}\, g(1-\varsigma, U) + 2\,\hat{\mu} = 0 .$$

   $(\,b\,)$ Für alle $(\varsigma, U) \in \,]0,1[\times \mathfrak{U}_{AS}$ gilt

$$\left|\frac{\partial}{\partial\varsigma}\, g(\varsigma, U) - \log\left(\frac{1}{\varsigma}-1\right)\right| \leqslant \|\,U\,\| .$$

   <u>COROLLAR</u> : Für alle $U \in \mathfrak{U}_{AS}$ gelten die Grenzwertaussagen

$$\lim_{\varsigma \to 0} \frac{\partial}{\partial\varsigma}\, g(\varsigma, U) = +\infty \;,\quad \lim_{\varsigma \to 1} \frac{\partial}{\partial\varsigma}\, g(\varsigma, U) = -\infty \;,$$

$$\lim_{v \to 1} p(v, U) = +\infty \;,\quad \lim_{v \to \infty} p(v, U) = 0 .$$

   BEWEIS: Die ersten beiden Aussagen ergeben sich mit Satz 2 $(\,b\,)$ aus dem Grenzverhalten von $\log\left(\frac{1}{\varsigma}-1\right)$, die dritte aus Beziehung (3) und die letzte folgendermaßen:

$$0 \leq \lim_{v \to \infty} p(v) = \lim_{v \to \infty} g(v^{-1}) - \lim_{v \to \infty} v^{-1} \frac{\partial}{\partial \varrho} g(v^{-1}) \leq$$

$$\leq \lim_{\varrho \to 0} \varrho \log(\frac{1}{\varrho} - 1) = 0 \; . \qquad \text{QED.}$$

BEWEIS DES SATZES:

"(a)" folgt unmittelbar aus Satz 2.1 .

"(b)": Aus dem Beweis von Lemma 1 (a) folgt die

Gleichung $(N+1)\frac{Z_{V,N+1}}{Z_{V,N}} = E_{V,N}(\Psi_{V,N})$ und für alle $c \in C_{V,N}$

$$\Psi_{V,N}(c) := \sum_{t \in V \setminus M(c)} \exp\left[-\sum_{s \in M(c)} U(s-t)\right] \leq (|V|-N) \, e^{\|U\|} \text{ und}$$

$\Psi_{V,N}(c) \geq (|V|-N) \, e^{-\|U\|}$, also

$\left| \log \frac{Z_{V,N+1}}{Z_{V,N}} - \log \frac{|V|-N}{N} \right| \leq \|U\|$. Dies impliziert zusam-

men mit Satz 1 (c) die Behauptung. \qquad QED.

2.4   Wir wollen nun eine formale Definition eines

Phasenübergangs bereitstellen. Aus 2.3 Satz 1 folgt, daß

für alle $(\mu, U) \in \mathbb{R} \times \mathfrak{U}_{AS}$

$$PhTr(\mu, U) := \left\{ \varrho \in]0,1[\; : \frac{\partial}{\partial \varrho} g(\varrho, U) = -\mu \right\}$$

definiert und ein (u.U. einelementiges) abgeschlossenes
Intervall ist. Wir setzen

$$\varrho_+(\mu, U) := \sup PhTr(\mu, U) \; , \quad \varrho_-(\mu, U) := \inf PhTr(\mu, U)$$

und $\varrho(\mu, U) := \frac{1}{2}\left[\varrho_+(\mu, U) + \varrho_-(\mu, U)\right]$.

Bei festem $U \in \mathfrak{U}_{AS}$ sind $\varrho_+(\cdot, U)$, $\varrho_-(\cdot, U)$ und $\varrho(\cdot, U)$

als Umkehrfunktionen von $-\frac{\partial}{\partial \varrho} g(\cdot, U)$ strikt isoton und

genau dann an einer Stelle μ stetig, wenn $PhTr(\mu, U)$ ein-

elementig ist.

LEMMA :   Für alle $(\mu, U) \in \mathbb{R} \times \mathfrak{U}_{AS}$ nimmt die Isotherme

$p(\cdot, U)$ auf $\left[\varrho_+(\mu,U)^{-1}, \varrho_-(u,U)^{-1}\right]$ den konstanten Wert

$\bar{p}(\mu, U) := \max_{\varrho \in [0,1]}\left[g(\varrho, U) + \mu \varrho\right]$ an.

BEWEIS: Das Maximum im Ausdruck für $\bar{p}(\mu,U)$ wird angenommen für jedes ϱ mit $\frac{\partial}{\partial\varrho}g(\varrho,U) = -\mu$, also für jedes $\varrho \in \text{PhTr}(\mu,U)$. Also gilt für alle $v \in [\varrho_+(\mu,U)^{-1}, \varrho_-(\mu,U)^{-1}]$

$$\bar{p}(\mu,U) = g(v^{-1},U) - v^{-1}\frac{\partial}{\partial\varrho}g(v^{-1},U) = p(v,U) . \qquad \text{QED.}$$

Ist also $\text{PhTr}(\mu,U)$ für ein Paar $(\mu,U) \in \mathbb{R}\times\mathbb{U}_{AS}$ nicht einelementig, so enthält die Isotherme nach Aussage des Lemma ein horizontales Stück. Dies ist genau das Phänomen, welches der Physiker mit einem Phasenübergang (1. Art) im thermodynamischen Gleichgewicht assoziiert. Wir definieren also:

DEFINITION : Wir sagen, <u>für die Parameter (μ,U) finde ein Phasenübergang (1. Art) statt</u>, wenn $\text{PhTr}(\mu,U)$ ein nichtleeres Inneres besitzt. $\text{PhTr}(\mu,U)$ heißt dann Intervall des Phasenübergangs (phase transition) .

2.3 Satz 2 (a) liefert uns nun sofort folgendes Resultat:

SATZ: Für alle $U \in \mathbb{U}_{AS}$ ist

$$\varrho_\pm(\hat{\mu}(U) + x , U) = 1 - \varrho_\mp(\hat{\mu}(U) - x , U) \qquad (x \in \mathbb{R}).$$

Findet also mit Parametern $(\hat{\mu}(U) + x , U)$ ein Phasenübergang statt, so auch mit Parametern $(\hat{\mu}(U) - x , U)$. Insbesondere liegt $\text{PhTr}(\hat{\mu}(U),U)$ symmetrisch zu $\frac{1}{2}$, d.h. es ist stets $\varrho(\hat{\mu}(U),U) = \frac{1}{2}$.

BEWEIS: $\varrho_-(\hat{\mu}+x) = \inf\left\{\varrho \in]0,1[: \frac{\partial}{\partial\varrho}g(\varrho) = -\hat{\mu} - x\right\} =$

$= \inf\left\{\varrho : \frac{\partial}{\partial\varrho}g(1-\varrho) = -\hat{\mu}+x\right\} = \sup\left\{\varrho : \frac{\partial}{\partial\varrho}g(\varrho) = -\hat{\mu} + x\right\} =$

$= \varrho_+(\hat{\mu}-x)$. Genauso beweist man $\varrho_+(\hat{\mu}+x) = \varrho_-(\hat{\mu}-x)$. QED.

LEGENDRE-Transformation,

Homogenität und Phasenübergang

3.1   In Abschnitt 2.4 haben wir gesehen, daß es bei Fragen des Phasenübergangs von Vorteil ist, statt des Parameters ϱ , den man in der kanonischen Gesamtheit zugrundelegt, einen Parameter $\mu \in \mathbb{R}$ einzuführen . Dieser erfährt seine Deutung als "chemisches Potential", wenn man der Betrachtung die großkanonische Gesamtheit zugrundelegt, wie wir es nun tun wollen. Zu den Parametern $\mu \in \mathbb{R}$, dem "chemischen Potential", und dem Paarpotential U bezeichne

$$Z_V(\mu,U) := \sum_{c \in C_V} \exp\left[\mu\,N(c,V) - \frac{1}{2} \sideset{}{^*}\sum_{s,t \in M(c)} U(s-t)\right]$$

die "große Zustandssumme" im Volumen $V \in \mathcal{W}$. Dabei bezeichne $N(c,V) := |M(c)|$ ($c \in C_V$) die Anzahl der Teilchen bei der Konfiguration c. Wir betrachten auch folgende Verallgemeinerung: Beschreibt $\overline{c} \in C_{\overline{V}}$ eine Konfiguration von Teilchen außerhalb von V, so bezeichne

$$Z_{V/\overline{c}}(\mu,U) := \sum_{c \in C_V} \exp\left[\mu\,N(c,V) - \frac{1}{2}\sideset{}{^*}\sum_{s,t \in M(c)} U(s-t) - \sum_{\substack{s \in M(c)\\ t \in M(\overline{c})}} U(s-t)\right]$$

die große Zustandssumme im Volumen V bei Wechselwirkung mit der Außenkonfiguration $\overline{c}$. Mit $O(t) := O$ ($t \in \overline{V}$) gilt offenbar $Z_V = Z_{V/O}$. Entsprechend ist die verallgemeinerte GIBBS-Verteilung auf C_V bei der Außenkonfiguration $\overline{c}$ definiert durch

$$q_{V/\overline{c}}^{\mu,U}(c) := Z_{V/\overline{c}}(\mu,U)^{-1} \exp\left[\mu N(c,V) - \frac{1}{2}\sideset{}{^*}\sum_{\substack{s \in M(c)\\ t \in M(c)}} U(s-t) - \sum_{\substack{s \in M(c)\\ t \in M(\overline{c})}} U(s-t)\right] .$$

Der Erwartungswert (einer Funktion auf C_V) unter der Verteilung $q_{V/\overline{c}}^{\mu,U}$ werde mit $E_{V/\overline{c}}^{\mu,U}(\,.\,)$ bezeichnet.

Durch gewöhnliches Differenzieren erhalten wir die Gleichung

$$\frac{\partial}{\partial \mu}\left[|V|^{-1}\log Z_{V/\bar{c}}(\mu,U)\right] = E^{\mu,U}_{V/\bar{c}}\left(\frac{N(\cdot,V)}{|V|}\right) \quad , \quad (1)$$

welche eine interessante Beziehung zwischen der mittleren Teilchendichte und der großen Zustandssumme aufzeigt.

In Analogie zur Situation in der kanonischen Gesamtheit wollen wir auch hier einen thermodynamischen Grenzübergang durchführen und dabei folgende Bezeichnung verwenden:

Ist $\varphi: \overline{\mathcal{W}} := \{(V,\bar{c}): V \in \mathcal{W}, \bar{c} \in C_{\overline{V}}\} \longrightarrow \mathbb{R}$ eine beliebige Funktion, so wollen wir sagen, der thermodynamische Limes

$$\text{th-lim } \varphi(V,\bar{c})$$

existiere, wenn für jede reguläre Folge $(V_j)_{j \in \mathbb{N}}$ und jede beliebige Folge $(\bar{c}_j)_{j \in \mathbb{N}}$ mit $\bar{c}_j \in C_{\overline{V}_j}$ ($j \in \mathbb{N}$) der Limes $\lim_{j \to \infty} \varphi(V_j, \bar{c}_j)$ existiert und für alle derartigen Folgenpaare übereinstimmt.

Wir fragen nach Existenz und Eigenschaften von $\text{th-lim } \chi_{V/\bar{c}}(\mu,U)$, wobei $\chi_{V/\bar{c}}(\mu,U) := |V|^{-1}\log Z_{V/\bar{c}}(\mu,U)$. Folgendes Analogon zu 1.3 Lemma 2 zeigt uns die Stetigkeit der $\chi_{V/\bar{c}}$ und ihres Limes, sofern dieser existiert. Wir betrachten dabei auch $\mathbb{R} \times \mathfrak{U}_{AS}$ als Banachraum mit der Norm $\|(\mu,U)\| := |\mu| + \|U\|$.

  <u>LEMMA</u> : Die Familie $(\chi_{V/\bar{c}})_{(V,\bar{c}) \in \overline{\mathcal{W}}}$ von Funktionen auf $\mathbb{R} \times \mathfrak{U}_{AS}$ ist gleichgradig stetig, und es gilt:

$(\mu_o,U_o), (\mu_1,U_1) \in \mathbb{R} \times \mathfrak{U}_{AS} \implies$

$$|\chi_{V/\bar{c}}(u_o,U_o) - \chi_{V/\bar{c}}(u_1,U_1)| \leq \|(\mu_o-\mu_1, U_o-U_1)\| .$$

Der BEWEIS verläuft genau wie der von 1.3 Lemma 2 :
Man definiert $\mu_a := \mu_o + a(\mu_1-\mu_o)$, $U_a := U_o + a(U_1-U_o)$ ($a \in [0,1]$) und zeigt $|\frac{\partial}{\partial a}\log Z_{V/\bar{c}}(\mu_a,U_a)| \leq |V| \|(\mu_1-\mu_o, U_1-U_o)\|$, und dies liefert die Behauptung.   QED.

3.2 __SATZ__ :   Lokal gleichmäßig auf $\mathbb{R} \times \mathfrak{U}_{AS}$ existiert

$$\chi(\mu, U) := \text{th-lim} \, |V|^{-1} \log Z_{V/\bar{c}}(\mu, U),$$

und es gilt:

(a) $\chi(\mu, U) = \bar{p}(\mu, U) := \max_{\varrho \in [o,1]} \left[g(\varrho, U) + \mu \varrho \right]$ (2)

(b)
$$0 \le \chi(\mu, U) \le \begin{cases} \exp\left[\frac{1}{2} \|U\| + \mu\right] & , \text{falls} \quad \|U\| + 2\mu \le 0 \\ 1 + \frac{1}{2} \|U\| + \mu & \quad\quad\quad\;\; \|U\| + 2\mu \ge 0 \end{cases} .$$

(c) χ ist auf $\mathbb{R} \times \mathfrak{U}_{AS}$ konvex und stetig. Bei festem $U \in \mathfrak{U}_{AS}$ ist $\chi(\,.\,, U)$ isoton und bis auf höchstens
abzählbar viele Stellen differenzierbar.

__DEFINITION__ : $\chi(\mu, U)$ heißt auch __spezifische freie__
__GIBBS-Energie pro Volumen.__

Sie hat die Dimension (Volumen)$^{-1}$, denn die Dimension
Energie ist gleichzeitig mit dem Parameter β unterdrückt
worden. Physikalisch gehört zu ihr die Dimension $\dfrac{\text{Energie}}{\text{Volumen}}$ =
= Druck .

Die Beziehung (2) zwischen $(\mu, \chi(\mu))$ und $(\varrho, g(\varrho))$
ist im Fall, daß PhTr(μ, U) einelementig ist, also kein
Phasenübergang stattfindet, eine LEGENDRE-Transformation
(vgl. COURANT-HILBERT: Methoden der mathematischen Physik).
Sie ist dann nämlich umkehrbar eindeutig und läßt sich in
der (bis auf Vorzeichen kanonischen) Form

$$g(\varrho) - \chi(\mu) + \mu \varrho = 0$$
$$\mu = -\frac{\partial}{\partial \varrho} g(\varrho) \, , \quad \varrho = \frac{\partial}{\partial \mu} \chi(\mu) \tag{2'}$$

schreiben, wie sich in Abschnitt 3.3 herausstellen wird.
Die LEGENDRE-Transformation (2') beinhaltet die Äqui-
valenz der kanonischen und der großkanonischen Gesamtheit
bei Abwesenheit eines Phasenübergangs.

BEWEIS DES SATZES : Per definitionem gilt mit den Bezeichnungen $G_V(\varrho) := G_V(\varrho,\mu,U) := g_V(\varrho,U) + \mu\varrho$ und $G(\varrho) := G(\varrho,\mu,U) := g(\varrho,U) + \mu\varrho$

$$Z_V = \sum_{N=0}^{|V|} Z_{V,N}\, e^{\mu N} = \sum_{N=0}^{|V|} \exp\left[|V|\, G_V(\tfrac{N}{|V|})\right] \ . \text{ Also ist}$$

$$\max_{\varrho\in[0,1]} \exp\left[|V|G_V(\varrho)\right] \leqslant Z_V \leqslant (|V|+1) \max_{\varrho\in[0,1]} \exp\left[|V|\, G_V(\varrho)\right]$$

und weiter

$$0 \leqslant |V|^{-1} \log Z_V - |V|^{-1} \max_{\varrho\in[0,1]}\left[|V|\, G_V(\varrho)\right] \leqslant |V|^{-1} \log(|V|+1) \ .$$

Nach Corollar 2.1 existiert lokal gleichmäßig in $(\mu,U)\in\mathbb{R}\times\mathfrak{U}_{AS}$

$$\text{th-lim} \max_{\varrho\in[0,1]} G_V(\varrho) = \max_{\varrho\in[0,1]} \text{th-lim}\, G_V(\varrho) = \max_{\varrho\in[0,1]} G(\varrho) \ ,$$

also existiert in gleicher Weise $\text{th-lim}|V|^{-1} \log Z_V =$

$$= \max_{\varrho\in[0,1]} G(\varrho) \ . \quad \text{Aus der Ungleichung}$$

$$\left|\ |V|^{-1} \log Z_V - |V|^{-1} \log Z_{V/\bar{c}}\right| \leqslant a_V \quad (c\in C_V)$$

und Lemma 2.1 folgt somit die lokal gleichmäßige Existenz von $\chi(\mu,U)$ und Gleichung (2) .

"(b)" ergibt sich aus den Abschätzungen $0 = \log Z_{V,0} \leqslant$ $\leqslant \log Z_V$ und $G(\varrho) \leqslant \varrho\,(1+\tfrac{1}{2}\|U\|+\mu-\log\varrho)$, also $\chi(\mu) \leqslant$ $\leqslant \max_{\varrho\in[0,1]}\left[\varrho\,(1+\tfrac{1}{2}\|U\|+\mu-\log\varrho)\right] = \exp\left[\tfrac{1}{2}\|U\|+\mu\right]$, falls dies $\leqslant 1$, andernfalls $= 1+\tfrac{1}{2}\|U\|+\mu$.

"(c)": Die Stetigkeit von χ auf $\mathbb{R}\times\mathfrak{U}_{AS}$ folgt aus Lemma 3.1 . Die Konvexität ergibt sich mit Hilfe der HÖLDERschen Ungleichung folgendermaßen: Sind $\mu_0,\mu_1\in\mathbb{R}$ und $U_0, U_1\in\mathfrak{U}_{AS}$, so gilt bei beliebigem $a\in[0,1]$

$$Z_V(a\mu_0+(1-a)\mu_1, aU_0+(1-a)U_1) =$$

$$= \sum_{c\in C_V} \left(\exp\left[\mu_0 N - \tfrac{1}{2} \sum_{\substack{s\in M(c)\\ t\in M(c)}}^{*} U_0(s-t)\right] \right)^{a} \left(\exp\left[\mu_1 N - \tfrac{1}{2}\sum_{\substack{s\in M(c)\\ t\in M(c)}}^{*} U_1(s-t)\right]\right)^{1-a}$$

$$\leqslant \left[Z_V(\mu_0,U_0)\right]^{a} \left[Z_V(\mu_1,U_1)\right]^{1-a} \ . \text{ Also ist } \chi \text{ als Limes konve-}$$

xer Funktionen konvex. Die Isotonie von $\chi(\cdot,U)$ folgt aus der der $\chi_V(\cdot,U)$ und die Fastüberall-Differenzierbarkeit aus Lemma 2.2 .   QED.

COROLLAR: Für alle $U \in \mathbb{U}_{AS}$ gilt

(a) $\chi(\hat{\mu}(U)+x\,,\,U) = x + \chi(\hat{\mu}(U)-x\,,\,U)\ (x\in\mathbb{R})$.

(b) Ist $\chi(.,U)$ an einer Stelle $\mu\in\mathbb{R}$ n-mal links- (bzw. rechts-) seitig differenzierbar, so ist es an der Stelle $\mu + 2(\hat{\mu}-\mu)$ n-mal rechts- (bzw. links-) seitig differenzierbar ($n\in\mathbb{N}$). Insbesondere gilt

$$\frac{\partial_\pm}{\partial\mu}\chi(\hat{\mu}(U)+x\,,\,U) = 1 - \frac{\partial_\mp}{\partial\mu}\chi(\hat{\mu}(U)-x\,,\,U)\ (x\in\mathbb{R}) .$$

BEWEIS: "(a)" Satz 2.1 impliziert $\chi(\hat{\mu}+x) =$

$$= \max_{\varrho\in[0,1]}\left[x\varrho + G(\varrho,\hat{\mu})\right] = \max_{\varrho\in[0,1]}\left[x - x(1-\varrho) + G(1-\varrho,\hat{\mu})\right]$$

$$= x + \max_{\varrho\in[0,1]}\left[-x\varrho + G(\varrho,\hat{\mu})\right] = x + \chi(\hat{\mu}-x) .$$

"(b)" folgt unmittelbar aus "(a)".   QED.

Wir haben jetzt über die freien Energien ein ziemlich detailliertes Bild gewonnen. Graphisch stellt es sich wie folgt dar.

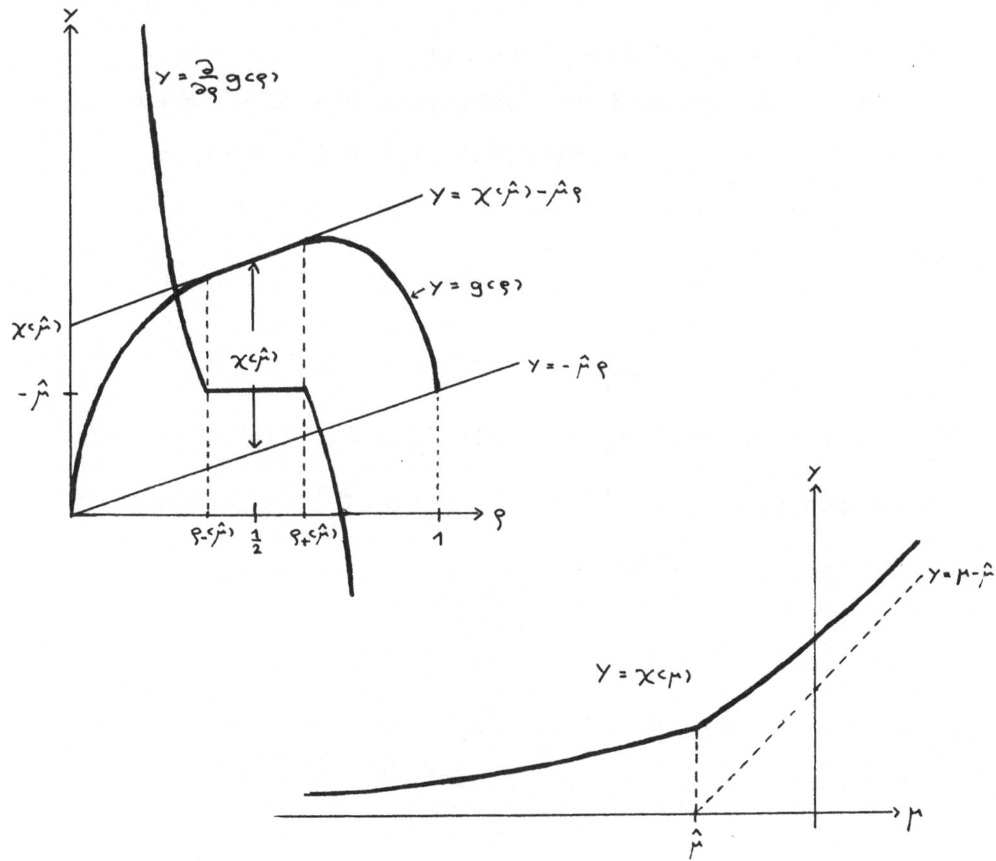

3.3 Wir untersuchen nun den Zusammenhang zwischen Teilchendichte, Phasenübergang und Differenzierbarkeit von $\chi(\,.\,,U)$. Wir schicken eine Bemerkung voraus, welche die schon bekannten Zusammenhänge noch einmal zusammenfaßt.

__BEMERKUNG__ : Sei $U \in \mathfrak{U}_{AS}$ und $I \subset \mathbb{R}$ ein Intervall. Dann sind folgende Aussagen äquivalent:

(a) Mit den Parametern U und $\mu \in I$ findet kein Phasenübergang statt.

(b) $PhTr(\mu,U)$ ist für alle $\mu \in I$ einelementig.

(c) $\varrho(I,U)$ ist ein Intervall, und $g(\,.\,,U)$ ist auf $\varrho(I,U)$ strikt konkav.

(d) $\varrho(\,.\,,U)$ ist stetig auf I .

__LEMMA__ : ϱ_+ (bzw. ϱ_-) sei auf einer kompakten Menge $K \subset \mathbb{R} \times \mathfrak{U}_{AS}$ stetig. Dann gilt:

(a) Zu jedem $\varepsilon > 0$ existiert ein $\delta = \delta(\varepsilon,K) > 0$ derart, daß für alle hinreichend großen V aus einer regulären Folge und alle $\bar{c} \in C_{\bar{V}}$ und alle $(\mu,U) \in K$ gilt:

$$q_{V/\bar{c}}^{\mu,U} \left\{ \frac{N(\,.\,,V)}{|V|} > \varrho_+(\mu,U) + \varepsilon \right\} < e^{-\delta|V|}$$

$$\left(\text{ bzw. } q_{V/\bar{c}}^{\mu,U} \left\{ \frac{N(\,.\,,V)}{|V|} < \varrho_-(\mu,U) - \varepsilon \right\} < e^{-\delta|V|} \right).$$

(b) Gleichmäßig für alle $(\mu,U) \in K$ gilt

$$\text{th-lim sup } E_{V/\bar{c}}^{\mu,U} \left(\frac{N(\,.\,,V)}{|V|} \right) \leq \varrho_+(\mu,U) \quad (\text{ bzw.}$$

$$\text{th-lim inf } E_{V/\bar{c}}^{\mu,U} \left(\frac{N(\,.\,,V)}{|V|} \right) \geq \varrho_-(\mu,U) \quad).$$

BEWEIS: "(a)": Per definitionem gilt

$$q_{V/\bar{c}} \left\{ N(\,.\,,V) = N \right\} \leq Z_{V/\bar{c}}^{-1} Z_{V,N} \, e^{\mu N} \, e^{|V| a_V} \quad , \text{ wobei}$$

a_V wie in Lemma 2.1 definiert sei. Hieraus ergibt sich

$$q_{V/\bar{c}}\left\{\frac{N(\cdot,V)}{|V|} > \varrho_+ + \varepsilon\right\} \leq Z_{V/\bar{c}}^{-1}\, e^{|V|a_V} \sum_{N:\,N\geq|V|(\varrho_+ + \varepsilon)} e^{\mu N}\, Z_{V,N} \leq$$

$$\leq Z_{V/\bar{c}}^{-1}\, e^{|V|a_V}\,(|V|+1)\, \max_{N|V|^{-1}\geq\varrho_+ + \varepsilon}\, \exp\left[|V|\, G_V\left(\tfrac{N}{|V|}\right)\right] =$$

$$= Z_{V/\bar{c}}^{-1}\,(|V|+1)\,\exp\left[|V|\left\langle a_V + \max_{\varrho\geq\varrho_+ + \varepsilon} G_V(\varrho)\right\rangle\right] =$$

$$= (|V|+1)\,\exp\left[-|V|\left\langle\chi(\mu) - \delta_1(V) - \max_{\varrho\geq\varrho_+ + \varepsilon} G_V(\varrho)\right\rangle\right],$$

wobei für $\delta_1(V) := a_V + \chi(\mu) - |V|^{-1}\log Z_{V/\bar{c}}$ nach
Lemma 2.1 und Satz 3.2 gleichmäßig auf K gilt:
th-lim $\delta_1(V) = 0$. Weiter können wir schreiben

$$\langle\ldots\rangle = \chi(\mu) - \max_{\varrho\geq\varrho_+ + \varepsilon} G(\varrho) - \delta_2(V) \; , \text{ wobei}$$

für $\delta_2(V) := \max_{\varrho\geq\varrho_+ + \varepsilon} G_V(\varrho) - \max_{\varrho\geq\varrho_+ + \varepsilon} G(\varrho) + \delta_1(V)$ gleich-

mäßig auf K gilt: th-lim $\delta_2(V) = 0$. Nun ist bei belie-
bigem $(\mu,U) \in \mathbb{R}\times\mathfrak{U}_{AS}$ wegen der Konkavität von $\varrho \to G(\varrho)$
und der Definition von ϱ_+ die Funktion $\varrho \to G(\varrho)$ auf
$[\varrho_+(\mu,U),\, 1]$ streng antiton. Also gilt

$$\chi(\mu) - \max_{\varrho\geq\varrho_+ + \varepsilon} G(\varrho) = G(\varrho_+) - G(\varrho_+ + \varepsilon) > 0 \; . \text{ Da}$$

ϱ_+ auf K stetig ist, nimmt die rechte Seite ihr Infimum
$\delta_3 := \delta_3(\varepsilon, K) > 0$ an. Ist nun V hinreichend groß,
so gilt für alle $(\mu,U) \in K$

$$\delta_3 - \delta_2(V) - |V|^{-1}\log(|V|+1) > \frac{\delta_3}{2} =: \delta > 0 \; ,$$

und wir erhalten also für $(\mu,U) \in K$

$$q_{V/\bar{c}}^{\mu,U}\left\{\frac{N(\cdot,V)}{|V|} > \varrho_+ + \varepsilon\right\} < e^{-\delta|V|} \; .$$

Die Aussage über ϱ_- beweist man vollkommen analog.

"(b)": Für beliebiges $\varepsilon > 0$ gilt

$$E_{V/\bar{c}}(\tfrac{N(.,V)}{|V|}) = \sum_{\substack{c \in C_V \\ \frac{N(c,V)}{|V|} > \rho_+ + \varepsilon}} \frac{N(c,V)}{|V|} q_{V/\bar{c}}(c) + \sum_{\substack{c \in C_V \\ \frac{N(c,V)}{|V|} \leq \rho_+ + \varepsilon}} \frac{N(c,V)}{|V|} q_{V/\bar{c}}(c)$$

$$\leq q_{V/\bar{c}}\left\{ \tfrac{N(.,V)}{|V|} > \rho_+ + \varepsilon \right\} + \rho_+ + \varepsilon \quad , \text{ also wegen}$$

"(a)" th-lim sup $E_{V/\bar{c}}(\tfrac{N(.,V)}{|V|}) \leq \rho_+ + \varepsilon$, und

andrerseits $E_{V/\bar{c}}(\tfrac{N(.,V)}{|V|}) \geq \displaystyle\sum_{\substack{c \in C_V \\ \frac{N(c,V)}{|V|} \geq \rho_- - \varepsilon}} \frac{N(c,V)}{|V|} q_{V/\bar{c}}(c) \geq$

$$\geq (\rho_- - \varepsilon)\, q_{V/\bar{c}}\left\{ \tfrac{N(.,V)}{|V|} \geq \rho_- - \varepsilon \right\} \quad , \text{ also nach "(a)"}$$

th-lim $E_{V/\bar{c}}(\tfrac{N(.,V)}{|V|}) \geq \rho_- - \varepsilon$. Da $\varepsilon > 0$ beliebig vor-
gegeben war, folgt die Behauptung.   QED.

SATZ 1 :   Sei $A \subset \mathfrak{U}_{AS}$ beliebig und $I \subset \mathbb{R}$ ein offenes
Intervall. Dann sind folgende Aussagen äquivalent:

(a) ρ ist auf $I \times A$ stetig

(b) Für alle $U \in A$ ist $\chi(.,U)$ auf I differenzierbar, und $\frac{\partial}{\partial \mu} \chi$ ist auf $I \times A$ stetig.

Sind (a) und (b) erfüllt, so existiert lokal gleich-
mäßig auf $I \times A$ th-lim $\frac{\partial}{\partial \mu}\left[|V|^{-1} \log Z_{V/\bar{c}}(\mu,U) \right]$, und es
gilt für alle $(\mu,U) \in I \times A$

$$\frac{\partial}{\partial \mu} \chi(\mu,U) = \frac{\partial}{\partial \mu} \bar{p}(\mu,U) = \rho(\mu,U) = \qquad\qquad (3)$$
$$= \text{th-lim } E_{V/\bar{c}}^{\mu,U}(\tfrac{N(.,V)}{|V|}) = \text{th-lim} \frac{\partial}{\partial \mu}\left[|V|^{-1} \log Z_{V/\bar{c}}(\mu,U) \right] .$$

BEWEIS: "(a) $\Rightarrow$ (b)": Ist ρ auf $I \times A$ stetig,
so auch ρ_+ und ρ_- , und es gilt $\rho_+ = \rho_- = \rho$ auf $I \times A$.
Also impliziert Teil (b) des Lemma die lokal gleichmä-
ßige Konvergenz von $\rho(\mu,U) = \text{th-lim } E_{V/\bar{c}}^{\mu,U}(\tfrac{N(.,V)}{|V|})$ auf
$I \times A$. Seien nun $U \in A$ und $J \subset \text{cl}(J) \subset I$ ein offenes

relativkompaktes Intervall . Infolge Gleichung (1)

konvergiert dann gleichmäßig auf J

$$\varrho(\cdot ,U) = \text{th-lim} \frac{\partial}{\partial \mu} \left[|V|^{-1} \log Z_{V/\bar{c}}(\cdot , U) \right] \ .$$

Zusammen mit Satz 3.2 erhält man hieraus mit Hilfe des

Satzes von der gliedweisen Differentiation die Differen-

zierbarkeit von $\chi(\cdot , U)$ auf J und Gleichung (3) .

Da J und U beliebig, folgt die allgemeine Behauptung.

"(b) $\Rightarrow$ (a)": Sei $U \in A$ beliebig. Dann ist nach

einem Satz von LEBESGUE (vgl. 2.2 Bemerkung (2))

$\varrho_+(\cdot , U)$ überall mit Ausnahme höchstens einer LEBESGUE-

nullmenge L differenzierbar. Für alle $\mu \in I \setminus L$ gilt dann

$$\frac{\partial}{\partial \mu} \chi(\mu) = \frac{\partial}{\partial \mu} \left[g(\varrho_+(\mu)) + \mu \, \varrho_+(\mu) \right] =$$

$$= \frac{\partial}{\partial \varrho} g(\varrho_+(\mu)) \frac{\partial}{\partial \mu} \varrho_+(\mu) + \varrho_+(\mu) + \mu \frac{\partial}{\partial \mu} \varrho_+(\mu) = \varrho_+(\mu)$$

wegen $\frac{\partial}{\partial \varrho} g(\varrho_+(\mu)) = - \mu$. Nach Voraussetzung ist

$\frac{\partial}{\partial \mu} \chi(\cdot , U)$ insbesondere rechtsstetig, $\varrho_+(\cdot , U)$ ist bereits

per definitionem rechtsstetig. $I \setminus L$ liegt als Komplement

der Nullmenge L dicht in I, also folgt $\frac{\partial}{\partial \mu} \chi(\mu) = \varrho_+(\mu)$

für alle $\mu \in I$. Dies impliziert die Behauptung.   QED.

Setzt man $K = \left\{ (\mu , U) \right\}$, so folgt unmittelbar aus

Teil (b) des Lemma der

SATZ 2 :   Gilt für ein Paar (μ , U) $\in \mathbb{R} \times \mathfrak{U}_{AS}$

$\text{th-lim inf } E_{V/\bar{c}}^{\mu,U}(\frac{N(\cdot , V)}{|V|}) =: a < b := \text{th-lim sup } E_{V/\bar{c}}^{\mu,U}(\frac{N(\cdot , V)}{|V|}),$

so findet mit den Parametern (μ , U) ein Phasenübergang

statt, und es gilt: $[a,b] \subset \text{PhTr}(\mu , U)$.

3.4   Die LEGENDRE-Transformation (2') liefert uns noch eine hinreichende Bedingung für gewisse Eigenschaften der Isotherme am Rande und außerhalb eines Phasenübergangsintervalls.

<u>LEMMA</u> : Seien $U \in \mathfrak{U}_{AS}$ und $\mu_0 \in \mathbb{R}$. Ist $\chi(\cdot , U)$ auf $]-\infty , \mu_0]$ zweimal differenzierbar (d.h. an der Stelle μ_0 zweimal linksseitig differenzierbar), so auch $g(\cdot , U)$ auf $]0, \varrho_-(\mu_0, U)]$, und es gilt

$$\frac{\partial^2}{\partial \mu^2} \chi(\mu , U) = -\left[\frac{\partial^2}{\partial \varrho^2} g(\varrho (\mu, U), U) \right]^{-1} \quad (\mu < \mu_0)$$

und $\displaystyle \frac{\partial^2}{\partial \mu^2} \chi(\mu_0 , U) = -\left[\frac{\partial^2}{\partial \varrho^2} g(\varrho_-(\mu_0, U), U) \right]^{-1}$.

BEWEIS: Nach Satz 1 gilt $\displaystyle \frac{\partial}{\partial \mu} \chi(\mu , U) = \varrho (\mu , U) = \varrho_-(\mu , U)$ für $\mu < \mu_0$, und aus Stetigkeitsgründen folgt $\displaystyle \frac{\partial}{\partial \mu} \chi(\mu_0, U) = \varrho_-(\mu_0, U)$. Nun ist aber $-\displaystyle \frac{\partial}{\partial \varrho} g(\cdot , U)$ auf $]0, \varrho_-(\mu_0, U)]$ die Umkehrfunktion von $\varrho_-(\cdot , U)$ auf $]-\infty , \mu_0]$. Die (in μ_0 linksseitige) Differenzierbarkeit dieser letzten Funktion impliziert nun aber die (in $\varrho_-(\mu_0, U)$ linksseitige) Differenzierbarkeit der ersten Funktion und somit die Behauptung des Lemma.   QED.

Der nun folgende angekündigte Satz beschreibt nicht nur das Verhalten der Isotherme, sondern zeigt zugleich die Sonderstellung des Wertes $\mu = \hat{\mu}(U)$ für das chemische Potential . Daß seine Voraussetzungen für gewisse WWPe U in der Tat verifiziert werden können, wird uns später beschäftigen.

<u>SATZ</u> :   Sei $U \in \mathbb{U}_{AS}$. Ist $\overline{p}(\,\cdot\,,U) = \chi(\,\cdot\,,U)$ auf $]-\infty,\hat{\mu}(U)]$ zweimal differenzierbar, so ist auch $p(\,\cdot\,,U)$ auf $]1,\infty[\,\backslash\,]\varrho_{+}(\hat{\mu},U)^{-1},\varrho_{-}(\hat{\mu},U)^{-1}[$ differenzierbar, und es gilt:

(a) $\dfrac{\partial^{\pm}}{\partial v}\,p(v,U) < 0$ $(\,v \in \,]1,\infty[\,\backslash\,]\varrho_{+}(\hat{\mu},U)^{-1},\varrho_{-}(\hat{\mu},U)^{-1}[\,)$

(b) $v^{3}\,\dfrac{\partial^{\pm}}{\partial v}\,p(v,U) = \left(\dfrac{v}{v-1}\right)^{3}\dfrac{\partial^{\mp}}{\partial v}\,p\left(\dfrac{v}{v-1},U\right)$ $(v \geq 1)$.

Aussage (a) des Satzes führt zu folgender Alternative:

(I)   Die Phasenübergangssituation $\varrho_{-}(\hat{\mu},U) < \varrho_{+}(\hat{\mu},U)$: Dann macht die Isotherme am Rande des Phasenübergangsintervalls einen Knick, d.h. die links- und rechtsseitigen Ableitungen existieren an den Endpunkten und sind verschieden.

(II)   Die Homogenitätssituation $\varrho_{-}(\hat{\mu},U) = \varrho_{+}(\hat{\mu},U)$: Dann findet nicht nur nicht für $\mu = \hat{\mu}$, sondern sogar für kein einziges $\mu \in \mathbb{R}$ zusammen mit U ein Phasenübergang statt. Die Kompressibilität ist auf $]1,\infty[$ definiert und endlich.

BEWEIS: 2.3 Gleichung (3) und das soeben bewiesene Lemma implizieren die Differenzierbarkeit und Aussage (a) für $v \geq \varrho_{-}(\hat{\mu},U)^{-1}$. Aussage (b) und damit wegen Satz 2.4 die Differenzierbarkeit und Aussage (a) für $v \in]1,\varrho_{+}(\hat{\mu},U)^{-1}]$ folgt unmittelbar aus 2.3 Satz 2 (a) zusammen mit 2.3 Gleichung (3) .   QED.

3.5   In diesem Abschnitt zeigen wir, daß die freie GIBBS-Energie unter gewissen Voraussetzungen analytisch in μ ist. Dies ist insofern interessant, als die Analytizität von $\chi(.,U)$ das Auftreten eines Phasenübergangs ausschließt. Insbesondere erhalten wir das klassische Resultat von LEE und YANG, daß für $U \leqslant 0$ $\chi(.,U)$ auf $]-\infty, \hat{\mu}(U)[$ und auf $]\hat{\mu}(U), \infty[$ analytisch ist.

LEMMA :   Seien A und B abgeschlossene Teilmengen von $\mathbb{C} \smallsetminus \{0\}$, sei ferner $f(w,z) := a + bw + cz + dwz$ ein komplexes Polynom mit Koeffizienten $a,b,c,d \in \mathbb{C}$. Ist dann $f(w,z) \neq 0$ $(w \notin A, z \notin B)$, so gilt auch $a + dz \neq 0$ ($w \notin -AB$). Dabei sei $-AB := \{-wz : w \in A, z \in B\}$.

BEWEIS: 1. Wegen $0 \notin A \cup B$ ist $a \neq 0$, also ist die Behauptung im Fall $d = 0$ trivial.

2. Sei $d \neq 0$, aber $ad - bc = 0$. Dann ist $f(w,z) =$
$= d \left(w + \frac{c}{d} \right) \left(z + \frac{a}{c} \right)$, also $-\frac{c}{d} \in A$ und $-\frac{a}{c} \in B$. Die Nullstelle $-\frac{a}{d}$ von $a + dz$ liegt also in $-AB$.

3. Seien $d \neq 0$ und $ad - bc \neq 0$. Betrachte dann die Kreisverwandtschaften

$$\varphi(z) := -\frac{a + bz}{c + dz} \quad \text{und} \quad \psi(z) := \frac{a}{dz} \quad \text{auf } \mathbb{C} \cup \{\infty\}$$

und setze $\eta := \varphi \circ \psi^{-1}$. Dann ist $z = \eta(w)$ genau dann, wenn die Gleichung $ab + adw + adz + cdwz = 0$ erfüllt ist, also ist η eine Involution. Läge nun $\eta(B)$ im Inneren von B, so auch $B = \eta^2(B)$, was unmöglich ist. Also muß $\eta(B) \cap \overline{\mathbb{C} \smallsetminus B} \neq \emptyset$ sein ("___" soll den topologischen Abschluß in $\mathbb{C}$ andeuten). Nach Voraussetzung gilt $(\mathbb{C} \smallsetminus B) \cap \varphi(\mathbb{C} \smallsetminus A) = \emptyset$ und also $\overline{\mathbb{C} \smallsetminus B} \subset \varphi(A)$, somit also $\eta(B) \cap \varphi(A) \neq \emptyset$. Also existiert ein $w \in A$ mit $\frac{a}{dw} \in B$, und es folgt $-\frac{a}{d} = -w \frac{a}{dw} \in -AB.$ QED.

Sind $V \in \mathcal{W}$ und $z_t \in \mathbb{C}$ $(t \in V)$, so verwenden wir die Abkürzungen $z_V = (z_t)_{t \in V}$ und $z^M := \prod_{t \in M} z_t$ $(M \subset V)$.

$\underline{\text{SATZ}}$: Sei $V \in \mathcal{W}$ und $(V_a)_{a \in A}$ eine endliche Überdeckung von V , und für alle $a \in A$ und alle $t \in V_a$ sei eine abgeschlossene Menge $F_{a,t} \subset \mathbb{C} \setminus \{0\}$ gegeben. Wenn dann für alle $a \in A$ das Polynom

$$P_a(z_{V_a}) := \sum_{M \subset V_a} u_{a,M}\, z^M$$

für $z_t \notin F_{a,t}$ $(t \in V_a)$ nicht verschwindet, so ist das Polynom

$$P(z_V) := \sum_{M \subset V} z^M \prod_{a \in A} u_{a, M \cap V_a}$$

für $z_t \notin - \prod_{a \in A : t \in V_a} (-F_{a,t})$ $(t \in V)$ von Null verschieden.

BEWEIS durch Induktion über $|A|$:

1. Für $|A| = 1$ ist nichts zu zeigen.

2. Sei $|A| = n > 1$. Setze $W_1 = V_1$, $W_2 = \bigcup_{a=2}^{n} V_a$. Dann ist

$$P_2(w_{W_2}) := \sum_{M \subset W_2} w^M \prod_{a=2}^{n} u_{a, M \cap V_a}$$

nach Induktionsannahme für $w_t \notin - \prod_{a>1 : t \in V_a} (-F_{a,t})$ $(t \in W_2)$ von Null verschieden. $P_1(z_{W_1})\, P_2(w_{W_2})$ verschwindet also für diese w_t und alle $z_t \notin F_{1,t}$ $(t \in W_1)$ nicht. Ist $W_1 \cap W_2 = \emptyset$, so ist $P_1(z_{W_1}) P_2(z_{W_2}) = P(z_V)$ und wir sind fertig. Andernfalls können wir für jedes $t \in W_1 \cap W_2$ schreiben:

$P_1(z_{W_1}) P_2(w_{W_2}) = a + b w_t + c z_t + d w_t z_t$, wobei die Koeffizienten $a, b, c, d \in \mathbb{C}$ von w_t und z_t unabhängig sind. Nach dem Lemma ist nun $a + d z_t \neq 0$, sofern nur

$$z_t \notin (-F_{1,t})(- \prod_{a>1 : t \in V_a} (-F_{a,t})) = - \prod_{a \in A : t \in V_a} (-F_{a,t})\ \text{ist,}$$

und es gilt

$$a + d z_t = \sum_{M_1 \subset W_1,\, M_2 \subset W_2 : t \in M_1 \Leftrightarrow t \in M_2} z^{M_1} w^{M_2 \setminus \{t\}} u_{1, M_1} \prod_{a=2}^{n} u_{a, M_2 \cap V_a} .$$

Verfahren wir so sukzessiv mit allen $t \in W_1 \cap W_2$, so erhalten wir schließlich, daß die Funktion

$$P(z_V) = \sum_{\substack{M_1 \subset W_1, M_2 \subset W_2 \\ t \in M_1 \Leftrightarrow t \in M_2 \ (t \in W_1 \cap W_2)}} z^{M_1} z^{M_2 \setminus M_1} u_{1,M_1} \prod_{a=2}^{n} u_{a, M_2 \cap V_a}$$

für $z_t \notin - \prod_{a \in A: t \in V_a} (-F_{a,t})$ $(t \in V)$ nicht verschwindet.

QED.

COROLLAR 1: Ist $U \in \mathfrak{U}_{AS}$ und $U \leq 0$, so ist $\chi(.,U)$ auf $]-\infty, \hat{\mu}(U)[$ und auf $]\hat{\mu}(U), \infty[$ analytisch. Ein Phasenübergang kann also höchstens für $\mu = \hat{\mu}(U)$ auftreten.

BEWEIS: 1. Sei $V \in \mathfrak{T}$ und $\{V_a : a \in A\} = \{\{s,t\} : s,t \in V, s \neq t\}$. Setze

$$u_{\{s,t\},M} := \begin{cases} u_{st} \in [-1,1] & \text{für } |M| = 1 \ , \\ 1 & \text{sonst} \ . \end{cases}$$

Dann haben die Polynome $P_{\{s,t\}}$ die Gestalt

$$P_{\{s,t\}}(z_s, z_t) = 1 + u_{st} z_s + u_{st} z_t + z_s z_t \ .$$

Setzen wir also $F_{\{s,t\},s} = F_{\{s,t\},t} := \{z \in \mathbb{C} : |z| \geq 1\}$ $(s,t \in V)$, so sind die Voraussetzungen des Satzes erfüllt, und das Polynom

$$Q_V(z) := \sum_{M \subset V} z^{|M|} \prod_{s \in M, t \in V \setminus M} u_{st}$$

verschwindet daher nicht für $|z| < 1$.

2. Per definitionem gilt $\chi(\mu, U) =$

$$= \text{th-lim } |V|^{-1} \log \sum_{M \subset V} \exp\left[\mu|M| - \frac{1}{2} \sum_{s,t \in M}^{*} U(s-t)\right] \ .$$

Der Exponent läßt sich in die Form

$$(\mu - \hat{\mu}(U))|M| + \frac{1}{2} \sum_{s \in M, t \in V \setminus M} U(s-t) + \Theta(M)|V|a_V(U)$$

mit $|\Theta(M)| \leq \frac{1}{2}$ bringen. Setzen wir also $z := e^{\mu - \hat{\mu}}$ und $u_{st} := \exp\left[\frac{1}{2} U(s-t)\right]$, so impliziert Lemma 2.1 die Gleichung $\chi(\mu, U) = \text{th-lim } |V|^{-1} \log Q_V(z)$.

Nach 1. und dem Satz von VITALI ist die Funktion

$z \to$ th-lim $|V|^{-1} \log Q_V(z)$　auf　$\{\,|.| < 1\,\}$　holomorph

und stimmt für　$z = e^{\mu - \hat\mu}$ mit　$\chi\,(\mu, U)$ überein. Dies

beweist zusammen mit Corollar 3.2 unsere Behauptung.

$$\text{QED.}$$

<u>COROLLAR 2</u>:　Ist $U \in \mathfrak{U}_{FR}$, so existiert ein $\beta(U) > 0$

derart, daß für alle $\beta \in \,]\,0, \beta(U)\,[$ die Funktion $\chi\,(., \beta U)$

analytisch ist. Das Auftreten eines Phasenübergangs

setzt also hinreichend kleine Temperaturen voraus.

BEWEIS:　Sei $V \in \mathfrak{V}$ und $(\,V_a\,)_{a \in A}$ wie im Beweis von

Corollar 1 definiert. Setze

$$u_{\{s,t\},M} := \begin{cases} \exp[-\beta\, U(s-t)] & \text{für } M = \{s,t\} \\ 1 & \text{sonst .} \end{cases}$$

Dann ist　$P_{\{s,t\}}(z_s, z_t) = \exp[-\beta\, U(s-t)]\, z_s\, z_t + z_s + z_t + 1$.

Setze $F_{\{s,t\},s} := F_{\{s,t\},t} := F^{\beta}_{s-t}$, wobei für $s \in T^*$

$$F^{\beta}_s := \begin{cases} \{\, z \in \mathbb{C} : |z+1| \le (1 - e^{\beta U(s)})^{\frac{1}{2}} \,\} & \text{für } U(s) \le 0 \\ \{\, z \in \mathbb{C} : |\, z\, e^{-\beta U(s)} + 1| \le (1 - e^{-\beta U(s)})^{\frac{1}{2}} \,\} & \text{für } U(s) \ge 0 \end{cases}$$

ist. Dann sind die Voraussetzungen des Satzes in der Tat

erfüllt. Sei nämlich etwa $U(s-t) < 0$ und $P_{\{s,t\}}(z_s, z_t) = 0$

für $z_s \notin F^{\beta}_{s-t}$. Dann ist

$$|z_t + 1| = (1 - e^{\beta U(s-t)})\, \frac{|z_s|}{|z_s + e^{\beta U(s-t)}|} \quad ,$$

und der letzte Quotient ist für $z_s \notin F^{\beta}_{s-t}$ gerade kleiner

als $(1 - e^{\beta U(s-t)})^{-\frac{1}{2}}$. Es folgt $z_t \in F^{\beta}_{s-t}$, und das war

zu zeigen. Wir können nun den Satz anwenden und erhalten,

daß $Q_V(z) := \sum_{M \subset V} z^{|M|} \exp[-\frac{\beta}{2} \sum_{s,t \in M}^{*} U(s-t)\,]$

höchstens für $z \in F^{\beta} := -\overline{\prod_{s \in T^*}}(-F^{\beta}_s)$ verschwindet.

Das F^{β} definierende Produkt ist in Wahrheit endlich,

da für $U(s) = 0$ die Identität $-F_s^\beta = \{1\}$ besteht.
Für hinreichend kleines β ist nun $\mathbb{R}_+ \cap F^\beta = \emptyset$,
etwa für alle $\beta < \beta(U)$, wenn wir $\beta(U)$ so bestimmen,
daß für alle $z \in \bigcup_{s \in T^*} (-F_s^{\beta(U)})$ die Ungleichung

$$-\pi < |\{s \in T^* : U(s) \neq 0\}| \, \arg z < \pi$$

erfüllt ist. Dabei bezeichne $\arg z$ das Argument von
z. Wegen $\chi(\mu, \beta U) = \text{th-lim} \, |V|^{-1} \log Q_V(e^\mu) \; (\mu \in \mathbb{R})$
folgt aus dem Satz von VITALI, den wir auf das Gebiet
$\mathbb{C} \setminus F^\beta$ anwenden, genau wie im Beweis von Corollar 1
die Analytizität von $\chi(., \beta U)$.   QED.

BEISPIEL: Das einfachste Beispiel eines Wechselwirkungspotentials ist das ISING-Potential, welches bei
gegebenem β , der inversen Temperatur, definiert ist
durch
$$I_\beta(t) := \begin{cases} -\beta & \|t\| = 1 \\ 0 & \text{für} \quad \|t\| > 1 \end{cases} .$$

Nach Corollar 1 kann für diese Potential ein Phasen-
übergang höchstens für $\mu = \hat{\mu}(I_\beta) = -2\beta$ auftreten, und
Corollar 2 lehrt, daß wir selbst dann einen Phasenüber-
gang höchstens für $\beta \geqq \log 2$ erwarten können. Im
nächsten Paragraphen werden wir zeigen, daß für
$\beta \geqq 2 \log 6$ tatsächlich ein Phasenübergang stattfindet.

EXISTENZ VON PHASENÜBERGÄNGEN 1. ART

§ 4
Das ISING-Potential

In diesem Paragraphen führen wir einen Existenzbeweis für das Auftreten eines Phasenüberganges (1. Art) beim zweidimensionalen ISING-Modell. Obgleich sich dies auch unmittelbar aus dem allgemeineren Existenzsatz für Phasenübergänge in §5 ergibt, erscheint es zweckmäßig, den Spezialfall des ISING-Potentials gesondert zu betrachten. Denn einerseits tritt beim ISING-Modell die Beweisidee, die in verallgemeinerter Form auch dem §5 zugrunde liegt, deutlicher hervor, und andrerseits läßt sich auf diese Weise zeigen, wie sich gewisse für das ISING-Modell zugeschnittene Methoden verallgemeinern lassen.

4.1 Das ISING-Potential $I_\beta \in \mathfrak{U}_{FR}$ zum Temperaturparameter $\beta > 0$ ist bekanntlich definiert durch

$$I_\beta(t) := \begin{cases} -\beta \\ 0 \end{cases} \text{für} \quad \begin{matrix} \| t \| = 1 \\ \| t \| > 1 \end{matrix} \quad .$$

Es beschreibt also ein Gittergas mit paarweiser Anziehung zwischen den Teilchen, bei dem die Teilchenwechselwirkung zur inversen Temperatur β proportional ist. Der Einfachheit halber beschränken wir uns hier auf den Fall des 2-dimensionalen Gitters, es gelte also $\nu = 2$. Wir wissen aus Satz 3.5, daß wir einen Phasenübergang nur für den Parameter $\mu = \hat{\mu}(I_\beta)$ erwarten können. Umgekehrt gilt nun aber auch der

<u>SATZ</u>: Es existiert eine inverse kritische Temperatur $\beta_0 > 0$ derart, daß für alle $\beta > \beta_0$ die Ungleichung

$$\varrho_-(\hat{\mu}(I_\beta), I_\beta) < \varrho_+(\hat{\mu}(I_\beta), I_\beta)$$

erfüllt ist, also mit den Parametern ($\hat{\mu}(I_\beta), I_\beta$) ein

Phasenübergang stattfindet. Genauer gilt

$$\varrho_-(\hat{\mu}(I_\beta), I_\beta) = 1 - \varrho_+(\hat{\mu}(I_\beta), I_\beta) \to 0 \quad (\beta \to \infty).$$

4.2 Zum Beweis des Satzes betrachten wir eine beliebige

Menge $V \in \mathcal{W}$. Ferner identifizieren wir jedes $t \in T$ mit dem

abgeschlossenen achsenparallelen Quadrat $Q(t) \subset \mathbb{R}^2$ mit der

Seitenlänge 1 und dem Mittelpunkt t. Ist $\bar{c} \in C_{\bar{V}}$ eine Außen-

bedingung, so ist, da jedes I_β nur die Reichweite 1 besitzt,

ausschließlich die Restriktion $\bar{c}_{\partial V}$ von $\bar{c}$ auf

$$\partial V := \left\{ t \in \bar{V} : \text{Es existiert ein } s \in V \text{ mit } \| s - t \| < 2 \right\}$$

interessant. Wir können also o.B.d.A. stets $\bar{c}_{\bar{V} \smallsetminus \partial V} = 0$

verlangen. In erster Linie werden uns die zwei Außenbedin-

gungen $i \in C_{\partial V}$ beschäftigen, die definiert sind durch

$$i(t) := i \quad (t \in \partial V , \; i \in \{0,1\}) .$$

Wir führen nun einige Begriffsbildungen ein.

<u>DEFINITION</u>: (1) <u>**Kurve**</u> heiße jede endliche Teilmenge g

des zu T dualen Gitters $T' := \left\{ t + (\frac{1}{2}, \frac{1}{2}) : t \in T \right\}$ mit folgen-

der Eigenschaft: Die Vereinigung $S(g) := \bigcup_{\substack{s,t \in g \\ \| s-t \| = 1}} [s,t]$

aller Strecken $[s,t] := \left\{ as + (1-a)t : a \in [0,1] \right\}$ zwischen

benachbarten Punkten von g kann durchlaufen werden durch ei-

nen geschlossenen, bis auf doppelte Rückkehr zu Punkten

selbstdurchdringungsfreien Polygonzug.

(2) <u>**Pfad**</u> heiße jede endliche Folge $(t_1, \dots, t_n)$ von

Punkten in T mit $Q(t_j) \cap Q(t_{j+1}) \neq \emptyset$ ($j = 1, \dots, n-1$).

(3) Eine Menge $K \subset T$ heiße <u>zusammenhängend</u>, wenn je zwei

Punkte von K durch einen Pfad verbunden werden können, der

ganz in K verläuft.

(4) Ist g eine Kurve, so existiert ein Quadrat $W \in \mathcal{W}$

mit $\left\{ t \in T : \underset{\text{für ein } s \in g}{\| s-t \| = 2^{-\frac{1}{2}}} \right\} \subset W$. Betrachte die Menge $\bar{V}(g)$ al-

ler Punkte $t \in T$ mit der Eigenschaft: Es existiert ein Pfad

$\gamma = (t_1, \ldots, t_n)$ in $\overline{V}(g)$, der t mit einem Punkt aus $\overline{W}$ verbindet und g nicht kreuzt, d.h. für den mit $S(\gamma) := \bigcup\limits_{j=1}^{n-1} [t_j, t_{j+1}]$
die Relation $S(g) \cap S(\gamma) \subset \{ t \in g : t+e \in g \ (\|e\| = 1\ ) \}$ er-
füllt ist. $\overline{V}(g)$ hängt nicht von W ab. $V(g) := T \setminus \overline{V}(g)$
heiße das <u>Innengebiet der Kurve g</u>.

(5) Zu $V \in \mathcal{V}$ bezeichne G_V die Menge aller Kurven g
mit $V(g) \subset V$ und G die Menge aller Kurven.

Ist $\overline{c} \in C_{\partial V}$ gegeben, so kann jedes $c \in C_V$ auf eindeutige Weise durch eine endliche Menge $g(c/\overline{c})$ von Kurven charakterisiert werden, die folgendermaßen gewonnen wird:
Betrachte die Mengen $K_i := \{ t \in T: c(t)=i \ \text{bzw.} \ \overline{c}(t)=i \}$ $(i \in \{0,1\})$.
Betrachte ferner die Menge S aller Punkte $t \in T'$ mit
$t \in Q(s_0) \cap Q(s_1)$ für zwei Punkte $s_i \in K_i$ ($i \in \{0,1\}$).
S zerfällt auf eindeutige Weise in endlich viele Kurven, wenn
man fordert, daß keine Kurve eine Zusammenhangskomponente
von K_0 oder K_1 zertrennt (d.h. je zwei Punkte in einer Komponente von K_0 oder K_1 sollen durch einen Pfad verbunden
werden können, der keine der Kurven, aus denen sich S konsti-
tuiert, im oben präzisierten Sinne kreuzt). In der Skizze
sind die Q(t) mit $t \in K_1$ schraffiert, bei einer Kurve deuten
Pfeile an, wie sie durch einen zulässigen Polygonzug durchlaufen werden kann. Die Skizze zeigt drei Kurven.

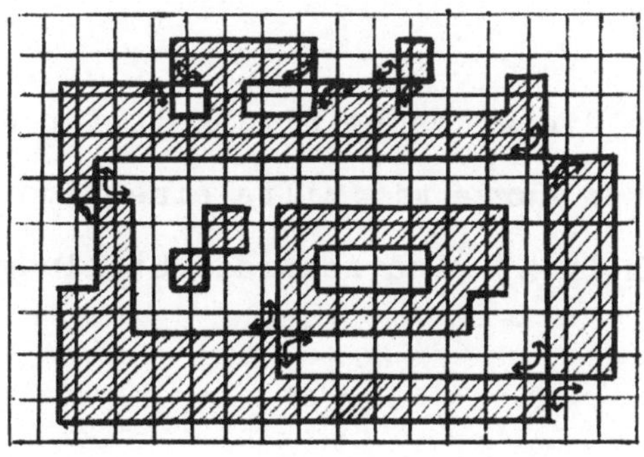

$g(c/\bar{c})$ sei nun die Menge all dieser Kurven. Nach Konstruktion haben je zwei Kurven in $g(c/\bar{c})$ mindestens den Abstand 1. Die Abbildung $c \rightarrow g(c/\bar{c})$ ist für gegebenes $\bar{c}$ offensichtlich eineindeutig.

Ist g eine Kurve, so soll der Einfachheit halber ihre Länge ebenfalls mit g bezeichnet werden. Man sieht sofort, daß die Länge einer Kurve stets geradzahlig $\geqq 4$ ist. In gleicher Weise bezeichne $g(c/\bar{c})$ auch die Gesamtlänge aller Kurven in $g(c/\bar{c})$.

Es gilt nun folgendes

<u>LEMMA</u>: Für alle $\beta > 0$, $V \in \mathcal{W}$, $\bar{c} \in C_{\partial V}$ und $c \in C_V$ gilt

$$q_{V/\bar{c}}^{\mu, I_\beta}(c) = \frac{\exp\left[(\mu-\hat{\mu})N(c,V) - \frac{\beta}{2} g(c/\bar{c})\right]}{\sum_{c' \in C_V} \exp\left[(\mu-\hat{\mu})N(c',V) - \frac{\beta}{2} g(c'/\bar{c})\right]} .$$

BEWEIS: Zunächst hat man $q_{V/\bar{c}} = q_{V \cup \partial V/0}(\cdot, \bar{c})$, wie man anhand der Definition sofort nachprüft. Bezeichnet weiter für $W \in \mathcal{W}$ $S(c,W)$ die Anzahl der Paare von Punkten in W mit Abstand 1, die bei $c \in C_W$ beide mit einem Teilchen belegt sind, so gilt auf dem 2-dimensionalen Gitter

$$4\,N(c,W) = S(c,W) + g(c/0)$$

und also für $(c,\bar{c}) \in C_{V \cup \partial V}$

$$\hat{\mu}(I_\beta)N(c,\bar{c};V \cup \partial V) - \frac{1}{2} \sideset{}{^*}\sum_{s,t \in M(c,\bar{c})} I_\beta(s-t) = -2\beta\,N(c,\bar{c};V \cup \partial V)$$

$$+ \frac{\beta}{2} S(c,\bar{c};V \cup \partial V) = -\frac{\beta}{2} g(c/\bar{c}) .$$ Dies impliziert die Behauptung. QED.

4.3 Wir berechnen nun die Wahrscheinlichkeit für das Auftauchen einer bestimmten Kurve mit Hilfe eines Annihilationsverfahrens, das auch in §5 eine zentrale Stellung einnimmt.

__LEMMA 1__ : Seien $V \in \mathcal{U}$, $g \in G_V$ und $\beta > 0$ beliebig vorgegeben. Dann ist für $\mu = \hat{\mu}(I_\beta)$

$$q_{V/i}\{g \in g(./i)\} \leq \exp\left[-\frac{\beta}{2} g\right] \qquad (i \in \{0,1\}).$$

BEWEIS: Wir definieren eine Abbildung ϕ_g auf $\{g \in g(./i)\}$, welche genau die Kurve g in g(c/i) annihiliert. Setze nämlich

$$\phi_g(c)(t) := \begin{cases} c(t) & t \in V \smallsetminus V(g) \\ 1-c(t) & t \in V(g) \end{cases} \quad \text{für}$$

Dann gilt in der Tat

$$g(\phi_g(c)/i) = g(c/i) \smallsetminus g \quad (c \in \{g \in g(./i)\}) . \qquad (1)$$

Außerdem ist ϕ_g injektiv. Also folgt aus Lemma 4.2 die Abschätzung

$$q_{V/i}\{g \in g(./i)\} \leq \frac{\sum\limits_{c \in \{g \in g(./i)\}} \exp\left[-\frac{\beta}{2} g(c/i)\right]}{\sum\limits_{c \in \phi_g\{g \in g(./i)\}} \exp\left[-\frac{\beta}{2} g(c/i)\right]} = e^{-\frac{\beta}{2} g} .$$

$$\text{QED.}$$

Wir stellen noch ein einfaches geometrisches Lemma bereit.

__LEMMA 2__ : (1) Die Anzahl der Kurven der Länge $n \in \mathbb{N}$, welche einen vorgegebenen Punkt $t \in T'$ enthalten, ist kleiner als 3^n .

(2) Die Anzahl der Kurven der Länge 2n , deren Innengebiet einen vorgegebenen Punkt enthält, ist kleiner als $n \, 3^{2n}$.

BEWEIS: Zum Beweis von "(1)" mache man sich klar, daß es höchstens 6 Möglichkeiten für eine Kurve gibt, einen gegebenen Punkt zu durchwandern, und dann noch höchstens 3^{n-2} Möglichkeiten, sukzessive die nächsten n-2 Strecken festzulegen.(Eine denkbare Verfeinerung der Abschätzung ist für unsere Zwecke nicht nötig.) Ist weiter $s \in T$ gegeben und g eine Kurve der Länge 2n mit $s \in V(g)$, so läuft g durch mindestens einen der n Punkte $s + (\frac{1}{2}, k+\frac{1}{2}) \in T'$ (k = 0,...,n-1). Wendet man auf jeden dieser Punkte die

Aussage (1) an, so erhält man auch die zweite Behauptung.

QED.

4.4 Die bisherigen Lemmata führen nun rasch zum Beweis des Satzes. Sei nämlich V einfach zusammenhängend, d.h. es seien V und $\bar{V}$ beide zusammenhängend. Dann gelten für alle $c \in C_V$ und $i \in \{0,1\}$ die Implikationen

$$g \in g(c/i) \implies V(g) \subset V \implies g \in G_V$$

und also für $t \in V$ und $\mu = \hat{\mu}$

$$q_{V/i}\{c \in C_V: \dot{c}(t) = 1-i \} \leq q_{V/i}\{c \in C_V: t \in V(g) \text{ für ein } g \in g(c/i)\}$$

$$\leq \sum_{g \in G_V,\, t \in V(g)} q_{V/i}\{g \in g(./i)\} \leq \sum_{n \in \mathbb{N}} n\, 3^{2n}\, e^{-\beta n} =$$

$$= \sum_{n \in \mathbb{N}} n\, (e^{-\beta+2\log 3})^n = e^{-\beta+2\log 3}(1 - e^{-\beta+2\log 3})^{-2} =: \triangle(\beta),$$

sofern $\beta > 2\log 3$. Offensichtlich ist $\triangle(\beta)$ auf $]2\log 3,+\infty[$ streng antiton, und es gilt $\lim_{\beta \to 2\log 3} \triangle(\beta) = +\infty,\ \lim_{\beta \to +\infty} \triangle(\beta) = 0.$
Also existiert genau ein $\beta_0 > 2\log 3$ mit $\triangle(\beta_0) = \tfrac{1}{2}$.
Für alle $\beta > \beta_0$ gilt dann $q_{V/0}\{c \in C_V : c(t)=1\} \leq \triangle(\beta) < \tfrac{1}{2}$
und $q_{V/1}\{c \in C_V : c(t)=1\} = 1 - q_{V/1}\{c \in C_V : c(t)=0\} \geq 1 - \triangle(\beta) > \tfrac{1}{2}$.
Hieraus aber ergibt sich nun

$$E_{V/0}(\tfrac{N(.,V)}{|V|}) = |V|^{-1} \sum_{t \in V} q_{V/0}\{c \in C_V : c(t)=1\} \leq \triangle(\beta) < \tfrac{1}{2}$$

und genauso $E_{V/1}(\tfrac{N(.,V)}{|V|}) \geq 1 - \triangle(\beta) > \tfrac{1}{2}$ und also wegen Lemma 3.3

$$\rho_-(\hat{\mu}(I_\beta),I_\beta) \leq \text{th-lim inf } E_{V/\bar{c}}(\tfrac{N(.,V)}{|V|}) \leq \triangle(\beta) <$$

$$< 1 - \triangle(\beta) \leq \text{th-limsup } E_{V/\bar{c}}(\tfrac{N(.,V)}{|V|}) \leq \rho_+(\hat{\mu}(I_\beta),I_\beta) .$$

Zusammen mit Satz 2.4 ergibt dies die Behauptung von

Satz 4.1 .

§ 5

Potentiale vom DOBRUŠIN'schen Typ

Ziel dieses Paragraphen ist der Nachweis eines Phasenübergangs für Wechselwirkungspotentiale, die nicht notwendig negativ und von endlicher Reichweite sind. Allerdings
muß der negative Teil des Potentials über den positiven
in ganz bestimmter Weise dominieren, und an die Stelle der
endlichen Reichweite tritt eine gewisse natürliche Zahl M,
welche den Grad der Fernwirkung des Potentials angibt.
Die präzise Definition der beschriebenen Eigenschaften des
Wechselwirkungspotentials beruht auf dem späteren Beweis-
gang und muß deshalb auf den ersten Blick künstlich wirken.

5.1 Für $U \in \mathfrak{U}_{AS}$ setze zunächst $T_{+}(U) := \{t \in T^{*}: U(t) > 0\}$
und $T_{-}(U) := \{t \in T^{*}: U(t) < 0\}$. Dann ist für $\beta > 0$ stets
$T_{\pm}(\beta U) = T_{\pm}(U)$. Weiter bezeichne zu $t \in T$ $h(t) :=$
$\{t\} \cup \{t + e : \|e\| = 1\}$ die Menge, die aus t und den zu t unmittelbar benachbarten Punkten besteht. Sei ferner eine
beliebige natürliche Zahl M vorgegeben. Als Maß für die
Anziehungskraft eines Wechselwirkungspotentials U "vom Fern-
wirkungsgrad M" lassen sich dann folgende zwei Funktionen
betrachten: Einerseits die Funktion

$$\alpha_{M}^{1}(U) := -\frac{1}{8\nu} \sum_{\substack{\|t\| < M \\ h(t) \subset T_{-}(U)}} \max_{s \in h(t)} U(s) - \sum_{t \in T_{+}(U)} (\|t\| + 1)\, U(t),$$

(ν bezeichnet dabei wie bisher die Dimension des Gitters T),
und im Falle $T_{+}(U) = \emptyset$ auch die Funktion

$$\alpha_{M}^{2}(U) := -\min_{\|t\| \leq M} U(t) \quad.$$

Die Bedeutung der ersteren wird durch folgende Bemerkung
anschaulich.

BEMERKUNG: Hinreichend für die Aussage $\overset{1}{\alpha}_M(U) > 0$ ist die Existenz positiver Zahlen r_0, r_1, r_2, $d > 0$ mit

$(\,i\,)$ $\quad r_1 < r_2 < M$

$(\,ii\,)$ $\quad (r_0+2)^{\nu+1} \; \max\limits_{t\in T^*} U(t) \; < \; \dfrac{d}{8\nu} \left[(r_2-3)^\nu - (r_1+3)^\nu \right]$

(iii) $\quad T_+(\,U\,) \subset \{ t\in T^* : \| t \| \le r_0 \}$

$(\,iv\,)$ $\quad r_1 \le \| t \| \le r_2 \implies U(t) \le -d$.

BEWEIS: Aus den Eigenschaften $(\,i\,) - (\,iv\,)$ folgt

$$\sum_{t\in T_+(U)} (\| t \|+1)\, U(t) \; \le \; \sum_{\| t \| \le r_0} (\| t \|+1) \; \max\limits_{t\in T^*} U(t) \; <$$

$$< \sum_{\| t \| \le r_0} (r_0+2)\, \max\limits_{t\in T^*} U(t) \; < \; 2(\nu-1)\nu^{-1}\,\pi \left[(r_0+2)^{\nu+1} \max\limits_{t\in T^*} U(t) \right] <$$

$$< \dfrac{d}{8\nu}\, 2(\nu-1)\nu^{-1}\,\pi \left[(r_2-3)^\nu - (r_1+3)^\nu \right] \; < \; \dfrac{1}{8\nu} \sum_{r_1+1 \le \| t \| \le r_2-1} d$$

$$< \; -\dfrac{1}{8\nu} \sum_{\substack{\| t \| < M \\ h(t) \subset T_-(U)}} \; \max\limits_{s\in h(t)} U(t) \; . \qquad\qquad \text{QED.}$$

Offenbar gibt es nichtpositive Potentiale U, für welche zwar $\overset{2}{\alpha}_M(U)$, aber nicht $\overset{1}{\alpha}_M(U)$ positiv ist, z.B. das ISING-Potential. Jedoch können wir auch für diese Potentiale einen Phasenübergang bei hinreichend hohen Temperaturen nachweisen, sofern sie nur rotationsinvariant sind (Unter geringfügigen Änderungen sogar auch, wenn nur elliptische Symmetrie vorausgesetzt wird). Diese Überlegung veranlaßt uns, die Funktion $\alpha_M : \mathfrak{U}_{AS} \longrightarrow \mathbb{R} \cup \{\rightarrow \infty\}$, welche die Anziehungskraft der Potentiale beschreiben soll, in folgender Weise zu definieren:

Es sei
$$\alpha_M(\,U\,) := \begin{cases} \max\limits_{j\in\{1,2\}} \overset{j}{\alpha}_M(U) & , \text{ falls } T_+(U) = \emptyset,\, \| s \| = \| t \| \implies U(s) = U(t) \\[2mm] \overset{1}{\alpha}_M(U) & \text{sonst .} \end{cases}$$

Nun kommt die entscheidende

DEFINITION: $U \in \mathfrak{U}_{AS}$ heiße DOBRUŠIN-Potential vom Typ $M\in\mathbb{N}$, wenn gilt: $(\,a\,)$ $\quad \alpha_M(\,U\,) > 0$

$(\,b\,)$ $\quad$ Entweder ist $U \in \mathfrak{U}_{FR}(M) := \{ U\in\mathfrak{U}_{FR} : U(t) = 0\,(\| t \| > M) \}$

oder es existieren reelle Zahlen $D_0 > 0$ und $\varepsilon > 0$ mit

$(\mathrm{i})\quad |U(t)| \leq D_o \, \alpha_M(U) \, \|t\|^{-2(\nu+\varepsilon)} \quad (\, t \in T^*)$

$(\mathrm{ii})\quad 2\, 3^{\frac{2\nu}{\varepsilon}} \left[\nu^2 \left(\tfrac{\eta}{4}\right)^{\nu-1} + \nu \right]^{\frac{1}{\varepsilon}} \left(\frac{D_o}{\varepsilon}\right)^{\frac{1}{\varepsilon}} \leq M \quad .$

Es bezeichne $\mathbb{U}_D(M)$ die Menge aller DOBRUŠIN-Potentiale
vom Typ M . Es gilt $\mathbb{U}_D(M) \subset \mathbb{U}_D(M+1)$ $(M \in \mathbb{N})$. Ferner ist
für $\beta > 0$ die Implikation $\alpha_M(U) = \alpha_M^j(U) \Rightarrow \alpha_M(\beta U) = \alpha_M^j(\beta U)$
$(j \in \{1,2\})$ und daher die Gleichung $\alpha_M(\beta U) = \beta\, \alpha_M(U)$ und
somit die Implikation $U \in \mathbb{U}_D(M) \Rightarrow \beta U \in \mathbb{U}_D(M)$ richtig,
d.h. jedes $\mathbb{U}_D(M)$ ist ein Kegel in $\mathbb{U}_{AS}$.

BEISPIELE: A. Das ISING-Potential. Für alle $\beta > 0$ ist
$I_\beta \in \mathbb{U}_D(1)$. Denn $\alpha_1^2(I_\beta) = \beta$ und $I_\beta \in \mathbb{U}_{FR}(1)$.

B. Das LENNARD-JONES-Potential. Dies ist für Konstanten
$a, b > 0$ definiert durch

$$U(t) := a\, \|t\|^{-12} - b\, \|t\|^{-6} \quad (t \in T^*).$$

Man verifiziert leicht, daß U für hinreichend großes M die
Bedingungen der Bemerkung erfüllt. Für $\nu = 2$ lassen sich
die Forderungen (b)(i) und(ii) in der Definition mit hinreichend großem M ganz offensichtlich ebenfalls erfüllen,
für $\nu = 3$ jedoch nur "fast", da das verlangte ε nicht
existiert. Darauf können wir im Folgenden jedoch nicht ver-
zichten.Wir können den nachfolgenden Satz auf dies Potential
also nur dann auch im Fall $\nu = 3$ anwenden, wenn wir es ein
wenig modifizieren zu der Gestalt

$$U(t) := a\, \|t\|^{-12-2\varepsilon} - b\, \|t\|^{-6-\varepsilon} \quad (t \in T^*)$$

mit einem $\varepsilon > 0$.

SATZ: Zu jedem $M \in \mathbb{N}$ existiert ein kritischer Wert
$\alpha_M > 0$ derart, daß für alle $U \in \mathbb{U}_D(M)$ mit $\alpha_M(U) > \alpha_M$ zu den
Parametern $(\hat{\mu}(U), U)$ ein Phasenübergang stattfindet. Es gilt
$\mathrm{PhTr}(\hat{\mu}(U), U) \nearrow [0,1]$ $(\alpha_M(U) \nearrow \infty)$ und $\alpha_M = a_\nu M^\nu + b_\nu$ $(M \in \mathbb{N})$
mit nur von ν abhängigen Konstanten $a_\nu, b_\nu > 0$.

Unmittelbar aus dem Satz folgt das

COROLLAR: Zu jedem $U \in \mathbb{U}_D := \bigcup_{M \in \mathbb{N}} \mathbb{U}_D(M)$ existiert eine kritische Temperatur $\beta(U)$ derart, daß für alle $\beta > \beta(U)$ ein Phasenübergang mit Parametern ($\beta\hat{\mu}(U)$, βU) stattfindet. Ist $U \in \mathbb{U}_D(M)$, so liegt die kritische Temperatur desto höher, je größer $\propto_M(U)$ ist. Ferner gilt $PhTr(\beta\hat{\mu}(U),\beta U) \nearrow [0,1]$ für $\beta \nearrow \infty$.

Der Beweis des Satzes wird die nun folgenden Abschnitte in Anspruch nehmen.

5.2   In diesem Abschnitt konstruieren wir sogenannte Konfigurationskomponenten, mit deren Hilfe ein kombinatorischer Beweis unseres Satzes möglich wird. Sei $M \in \mathbb{N}$ fest vorgegeben. Sei ferner $V = V_k \in \mathbb{N}$ ein achsenparalleler Kubus der Kantenlänge $k\,M$ ($k \in \mathbb{N}$ beliebig). Dann ist V in k^{ν} Kuben der Kantenlänge M, sogenannte 'Zellen', gegliedert. Diese Zelleneinteilung setzen wir in kanonischer Weise auf $\bar{V}$ fort. Bezeichne $\mathbb{M}$ die Menge der so erhaltenen Zellen in $T = V \cup \bar{V}$ und $\mathbb{M}_V$ die Menge der Zellen in V. Wir werden uns vielfach der folgenden Notation bedienen: Sind $L \subset \mathbb{M}$ und $t \in T$, so schreiben wir $t \in\in L$: $\Longleftrightarrow$ Es existiert eine Zelle $S \in L$ mit $t \in S$.

Ist $c \in C_V$ und $i \in \{0,1\}$, so betrachten wir auch die Konfigurationen $(c,\bar{I}) \in C$, wobei $\bar{I} \in C_{\bar{V}}$ definiert sei durch $\bar{I}(t) := i$ $(t \in \bar{V})$. Es sei im Folgenden dem persönlichen Geschmack des Lesers vorbehalten, ob er sich lieber den Fall i=0 oder den Fall i=1 vorstellt. Wir werden beide Fälle simultan behandeln. Ist i einmal fest gewählt, so können wir c mit $(c,\bar{I})$ identifizieren, also als Konfiguration in C betrachten.

DEFINITION: Ist $c \in C$, so heiße $S \in \mathbb{M}$

(a) <u>nichtleer</u>, wenn ein $t \in S$ existiert mit $c(t) = 1$, und

(b) <u>nichtvoll</u>, wenn ein $t \in S$ existiert mit $c(t) = 0$.

Es bezeichne $\mathbb{M}_i = \mathbb{M}_i(c) := \{ S \in \mathbb{M} : c(t) = i \text{ für ein } t \in S \}$ die Menge der betreffenden Zellen ($i \in \{0,1\}$).

DEFINITION: (a) $R, S \in \mathbb{M}$ sollen <u>benachbart</u> heißen, im Zeichen R oo S , wenn R und S mindestens eine gemeinsame Seite, Kante oder Ecke besitzen.(Insbesondere gilt stets S oo S).

(b) Eine endliche Folge ($S^o, ..., S^n$) in $\mathbb{M}$ heiße ein <u>Pfad</u> zwischen $R, S \in \mathbb{M}$, wenn $R = S^o$, $S = S^n$ und S^j oo S^{j+1} ($j \in \{0, ..., n-1\}$) gilt. Pfade zwischen R und S werden wir mit $\gamma(R,S)$ bezeichnen.

(c) Eine Menge $\mathbf{K} \subset \mathbb{M}$ heiße <u>zusammenhängend</u>, wenn zu je zwei $R, S \in K$ ein Pfad $\gamma(R,S) \subset K$ existiert.

Gemäß dieser Zusammenhangsdefinition zerfallen die Mengen $\mathbb{M}_i(c)$ in Komponenten. Setze $\mathbb{K}_i = \mathbb{K}_i(c) := \{ K \subset \mathbb{M}_i(c) : K$ zusammenhängend $\}$ ($i \in \{0,1\}$) und $\mathbb{K} := \mathbb{K}(c) := \mathbb{K}_0(c) \cup \mathbb{K}_1(c)$.

BEMERKUNG 1: Für alle $c \in C_V$ und $i \in \{0,1\}$ existiert genau eine Komponente $K_{ext} \in \mathbb{K}(c, \bar{i})$ mit $t \in \bar{V} \Rightarrow t \in K_{ext}$. K_{ext} heiße <u>Außenkomponente</u> von V bei c . $\mathbb{K}_V = \mathbb{K}_V(c) := \mathbb{K}(c) \smallsetminus \{ K_{ext} \}$ bezeichne die Menge der <u>Innenkomponenten</u> von V bei c. Es gilt $K \in \mathbb{K}_V \Rightarrow K \subset \mathbb{M}_V$.

Ist $K \subset \mathbb{M}_V$ zusammenhängend, so werden wir manchmal auch die Menge $C_V(K) := \{ c \in C_V : K \in \mathbb{K}_V(c) \}$ betrachten. Wir werden ein Paar (c,K) <u>verträglich</u> nennen, wenn $c \in C_V$ und $K \in \mathbb{K}_V(c)$ oder, was dasselbe ist, $K \subset \mathbb{M}_V$ zusammenhängend und $c \in C_V(K)$ ist.

DEFINITION: $K, L \subset \mathbb{M}$ heißen <u>benachbart</u>, im Zeichen K oo L, wenn Zellen $R \in K$ und $S \in L$ existieren mit R oo S .

Aus der Zusammenhangsstruktur von $\mathbb{K}$ ergibt sich nun die

BEMERKUNG 2: Stets gilt $\mathbb{K}_0 \cap \mathbb{K}_1 = \emptyset$. Folgende schwächere Umkehrung ist ebenfalls richtig: Sind $K, L \in \mathbb{K}$ mit $K \neq L$ und K oo L , so existiert ein $i \in \{0,1\}$ mit $K \in \mathbb{K}_i$ und $L \in \mathbb{K}_{1-i}$.

DEFINITION: (a) Eine endliche Folge ($K^0,\dots,K^n$) in $\mathbb{K}$ heiße ein Weg zwischen K und L , wenn gilt: $K = K^0$, $L = K^n$ und K^j oo K^{j+1} ($j \in \{0,\dots,n-1\}$) . Wege von K nach L werden wir mit $\gamma(K,L)$ bezeichnen.

(b) Wir wollen sagen, eine Komponente $L \in \mathbb{K}$ umschließe eine Komponente $K \in \mathbb{K}$, im Zeichen $L \gg K$, wenn für jeden Weg $\gamma(K,K_{ext})$ (die Existenz mindestens eines solchen wird gleich gezeigt) gilt: $L \in \gamma(K,K_{ext})$.

Ist $K \subset \mathbb{M}_V$ zusammenhängend, so läßt sich K auch als im üblichen Sinn wegzusammenhängender Komplex von Kuben im $\mathbb{R}^\nu$ betrachten. Dessen äußere Oberfläche, also die Menge aller Punkte des Komplexes, die durch eine Kurve im $\mathbb{R}^\nu$ mit V verbunden werden können, welche mit dem Komplex höchstens endlich viele Punkte gemeinsam hat, wollen wir die Randfläche von K nennen und mit $\partial(K)$ bezeichnen. $\partial(K)$ ist eine geschlossene, bis auf doppelte Rückkehr zu Kanten oder Ecken selbstdurchdringungsfreie Fläche im $\mathbb{R}^\nu$.

Ist weiter (c,K) ein verträgliches Paar, so existiert in $\mathbb{K}(c)$ genau eine Komponente $\hat{K} = \hat{K}(c)$ mit $\hat{K}$ oo K und $\hat{K} \gg K$, nämlich diejenige, zu welcher alle die Zellen aus $\mathbb{M} \setminus K$ gehören, welche mit einer Seite, Kante oder Ecke an $\partial(K)$ grenzen (Diese Zellen gehören offensichtlich alle zu ein und derselben Komponente). Nach Bemerkung 2 können K und $\hat{K}$ nicht beide in $\mathbb{K}_0$ oder beide in $\mathbb{K}_1$ liegen.

DEFINITION: Ist (c,K) ein verträgliches Paar, so heiße $\hat{K} = \hat{K}(c)$ die Einhüllende von K bei c .

BEMERKUNG 3: Ist $K \in \mathbb{K}$, so existiert stets mindestens ein Weg $\gamma(K,K_{ext})$ von K nach K_{ext} . Bezeichnet nämlich $V(K)$ die Menge aller Gitterpunkte, die von $\partial(K)$ umschlossen werden, so gilt offenbar $V(K) \subsetneq V(\hat{K})$. Setzt man $K^0 := K$, $K^j := \hat{K}^{j-1}$ $(j \in \mathbb{N})$, so muß, da $\mathbb{K}_V$ endlich ist, ein $n \in \mathbb{N}$ existieren mit $K^n = K_{ext}$. Also ist $(K^0,\ldots,K^n)$ ein Weg zwischen K und K_{ext}.

LEMMA 1: Für alle $c \in C_V$ und $i \in \{0,1\}$ ist $(\mathbb{K}(c,\bar{I}), \gg)$ eine gerichtete Menge mit $K_{ext} \gg K$ $(K \in \mathbb{K}(c,\bar{I}))$.

BEWEIS: 1. Für jeden Weg $\gamma(K,K_{ext})$ ist per definitionem $K_{ext} \in \gamma(K,K_{ext})$ und $K \in \gamma(K,K_{ext})$, also $K_{ext} \gg K$ und $K \gg K$. "$\gg$" ist also reflexiv und filtrierend.

2. Transitivität. Ist $K_1 \gg K_2 \gg K_3$ und $\gamma = \gamma(K_3,K_{ext})$ ein Weg von K_3 nach K_{ext}, so ist $K_2 \in \gamma$, d.h. ein Teilweg von γ verbindet K_2 und K_{ext} . Also ist auch $K_1 \in \gamma$ und also $K_1 \gg K_3$.

3. Identitivität. Seien $K, L \in \mathbb{K}$ und die Wege $\gamma(K,K_{ext})$ und $\gamma(L,K_{ext})$ wie in Bemerkung 3 konstruiert. Gilt nun $K \gg L$ und $L \gg K$ und ist etwa $\gamma(K,K_{ext}) = (K=K^0,K^1,\ldots,K^n=K_{ext})$ und $\gamma(L,K_{ext}) = (L=L^0,L^1,\ldots,L^m=K_{ext})$, so existieren ein $j \in \{1,\ldots,n\}$ und ein $k \in \{1,\ldots,m\}$ mit $K^j = L$ und $L^k = K$. Also ist $(K=K^0,K^1,\ldots,K^j=L=L^0,L^1,\ldots,L^k=K)$ ein Zyklus, in dem jede Komponente die Einhüllende der vorhergehenden Komponente ist und deren zugehörige Randflächen also echt innerhalb voneinander liegen. Der Zyklus muß also einelementig sein, und es folgt $K = L$.   QED.

Wir kommen nun zu der wichtigsten Begriffsbildung.

DEFINITION: Ist (c,K) ein verträgliches Paar, so heiße
$$g = g(c,K) := \{ S \in K : \text{Es existiert ein } \hat{S} \in \hat{K}(c) \text{ mit } S \text{ oo } \hat{S} \}$$
die <u>äußere Grenze</u> von K bei c.

__LEMMA 2__: Für alle verträglichen Paare (c,K) ist $g(c,K)$ zusammenhängend.

BEWEIS: Setze $L := \{S \in K : S \text{ oo } \hat{S} \text{ für ein } \hat{S} \in \hat{K} \smallsetminus K\}$.

1. L ist zusammenhängend. Zunächst ist nämlich $\partial(K)$ als äußere Oberfläche des wegzusammenhängenden Würfelkomplexes K zusammenhängend in folgendem Sinn: Zwischen je zwei quadratischen Flächenstücken F_1, $F_2 \subset \partial(K)$ existiert eine endliche Folge $F_1 = F^1, F^2, \dots, F^n = F_2$ von Flächenstücken in $\partial(K)$ derart, daß für alle $j \in \{1, \dots, n-1\}$ F^j und F^{j+1} mindestens eine Seite oder Ecke gemeinsam haben. Seien nun S_1, $S_2 \in L$ beliebig gewählt. Dann existieren zwei Flächenstücke F_1, $F_2 \subset \partial(K)$, die an S_1 bzw. an S_2 grenzen. Sei nun $F^1, \dots, F^n$ eine Folge von Flächenstücken zwischen F_1 und F_2 der eben beschriebenen Art. Dann existiert zu jedem F^j genau ein $S^j \in L$, das F^j zur Seite hat. Nach Konstruktion gilt dann $S_1 \text{ oo } S^1 \text{ oo } S^2 \text{ oo } \dots \text{oo } S^n \text{ oo } S_2$, also ist $(S_1, S^1, \dots, S^n, S_2)$ ein Pfad in L, der S_1 und S_2 verbindet.

2. Für jede Zusammenhangskomponente A von $K \cap \hat{K}$ gilt $A \cap L \neq \emptyset$. Zu zeigen ist die Existenz eines $S \in A$ und eines $\hat{S} \in \hat{K} \smallsetminus K$ mit $S \text{ oo } \hat{S}$. Wähle dazu beliebige Zellen $S_0 \in A \subset \hat{K}$ und $\hat{S}_0 \in \hat{K} \smallsetminus K$. Da $\hat{K}$ zusammenhängend ist, existiert ein Pfad $\gamma(S_0, \hat{S}_0) \subset \hat{K}$. Wegen $\hat{K} = (\hat{K} \cap K) \cup (\hat{K} \smallsetminus K)$ existieren dann zwei Zellen $S \text{ oo } \hat{S}$ in $\gamma(S_0, \hat{S}_0)$ mit $S \in A$ und $\hat{S} \in \hat{K} \smallsetminus K$.

3. Aus 1. und 2. folgt sofort, daß $(K \cap \hat{K}) \cup L$ zusammenhängend ist und daher auch $g(c,K) = \{S \in K : \text{Es existiert ein } \hat{S} \in \hat{K} \cap K \text{ mit } S \text{ oo } \hat{S}\} \cup L$.   QED.

5.3 Ein entscheidendes Hilfsmittel für den Nachweis eines Phasenübergangs wird eine Operation in C_V sein, welche eine vorgegebene Zusammenhangskomponente annihiliert

und die wir nun definieren wollen. Für jedes verträgliche
Paar (c,K) sei

$$g^- = g^-(c,K) := \{\, S \in \mathbb{M} : \text{Es existiert ein } L \in \mathbb{K}(c) \text{ mit } S \in L \text{ und } K \gg L \,\} = \bigcup_{L \in \mathbb{K}(c),\, K \gg L} L$$

die Menge der bei c von K umschlossenen Zellen und

$$g^+ = g^+(c,K) := \{\, S \in \mathbb{M} : \text{Es existiert ein } L \in \mathbb{K}(c) \text{ mit } S \in L \text{ und } K \not\gg L \,\} = \bigcup_{L \in \mathbb{K}(c),\, K \not\gg L} L$$

die Menge der bei c außerhalb von K gelegenen Zellen .
Es gilt dann stets $K_{\text{ext}} \subset g^+$, und 5.2 Lemma 1 impliziert
die Aussagen $g^- \cup g^+ = \mathbb{M}$ und $g^-(c,K) \cap g^+(c,K) = K \cap \hat{K}(c)$ ((c,K) verträglich). Denn ist $S \in g^- \cap g^+$, so
ist $S \in L^- \cap L^+$, wobei $K \gg L^-$ und $K \not\gg L^+$, jedoch L^+ oo L^-
ist. Dies aber ist nur möglich für $L^- = K$, $L^+ = \hat{K}$.

Wir definieren nun die Annihilationsoperation. Ist
$K \subset \mathbb{M}_V$ zusammenhängend, so setze für $c \in C_V(K)$ und $t \in V$

$$c_{-K}(t) := \begin{cases} 1-c(t) & t \in g^-(c,K) \smallsetminus \hat{K}(c) \\ c(t) & \text{für } t \in g^+(c,K) \smallsetminus K \\ i & t \in K \ \hat{K}(c),\ \hat{K}(c) \in \mathbb{K}_i(c) \end{cases}$$

und $c_{-K} := c\ (c \in C_V \smallsetminus C_V(K))$. Dann ist durch
$\phi_{-K}(c) := c_{-K}$ eine Abbildung $\phi_{-K}: C_V \longrightarrow C_V \smallsetminus C_V(K)$ definiert. In der Tat gilt nämlich $K \notin \mathbb{K}(c_{-K})$ $(c \in C_V)$,
denn K und $\hat{K}(c)$ sind benachbart und liegen entweder beide
in $\mathbb{K}_0(c_{-K})$ oder beide in $\mathbb{K}_1(c_{-K})$, bilden also in $\mathbb{K}(c_{-K})$
eine einzige Komponente.

Uns wird wie in § 4 die Wahrscheinlichkeit interessieren, mit welcher an einer festen Stelle $t \in V$ ein Teilchen
sitzt bzw. nicht sitzt, genauer die Wahrscheinlichkeit des
Erignisses $C_V(t) = C_V^i(t) := \{\, c \in C_V : c(t) = 1-i \,\}$ unter $q_{V/\bar{1}}$

($i \in \{0,1\}$). Herrscht die Außenbedingung I und ist $c \in C_V^i(t)$,
so ist $t \notin \mathbb{M}_{1-i}(c)$, und somit existiert eine Komponente
$K(c,t) \in \mathbb{K}_{1-i}(c) \subset \mathbb{K}_V(c)$ mit $t \notin K(c,t)$. $K(c,t)$ ist aus
Zusammenhangsgründen eindeutig bestimmt. Setzen wir nun
$c_{-t} := c_{-K(c,t)}$ $(c \in C_V(t))$ und $c_{-t} := c$ $(c \in C_V \setminus C_V(t)$,
so gilt aufgrund der Definition von $c_{-K(c,t)}$ die Glei-
chung $c_{-t}(t) = 1-c(t) = i$ $(c \in C_V(t))$ und also $c_{-t} \notin C_V(t)$
$(c \in C_V)$. Durch $\phi_{-t}(c) := c_{-t}$ ist also eine Abbildung
$\phi_{-t}: C_V \longrightarrow C_V \setminus C_V(t)$ definiert. Setze nun noch für $t \in V$
und $c \in C_V$

$$g_t(c) := \begin{cases} |g(c, K(c,t))| & \text{, falls } c \in C_V(t) \\ 0 & \text{sonst} \end{cases}$$

und für $1 \in \mathbb{Z}_+$ $\quad C_V(t,1) := \{c \in C_V : g_t(c) = 1\}$. Es gilt
dann offenbar $C_V(t) = \{g_t > 0\} = \bigcup_{1 \in \mathbb{N}} C_V(t,1)$.

LEMMA 1: Es existiert eine Konstante $d_o \in \mathbb{N}$ derart,
daß für alle $1 \in \mathbb{Z}_+$ die Aussagen
(a) $S \in \mathbb{M} \implies |\{L \subset \mathbb{M} : L \text{ zusammenhängend, } S \in L, |L|=1\}| < d_o^1$
(b) $t \in V \implies |\{L \subset \mathbb{M} : L \text{ zusammenhängend, } t \in V(L), |L|=1\}| < 1 \, d_o^1$
richtig sind.

BEWEIS: "(a)" Jede Zelle hat für $\nu = 2$ 8 Seiten und
Ecken und für $\nu = 3$ 26 Seiten, Kanten und Ecken. Setze
im Fall $\nu = 2$ $d_o = 7$ und im Fall $\nu = 3$ $d_o = 25$. Jedes L
in der betrachteten Menge kann nun folgendermaßen aufgebaut
werden: Beginnend bei der Zelle S , gibt es d_o+1 Möglichkeiten, eine zu S benachbarte Zelle in L festzulegen. Kennen
wir bereits die Zellen $S_1, ..., S_n$ von L, so suchen wir unter
ihnen diejenigen Zellen, welche zu noch nicht "eroberten"
Zellen $\in L$ benachbart sind, und wählen unter diesen die
mit dem kleinsten Index. Diese Zelle besitzt höchstens
d_o Seiten, Kanten und Ecken, an die noch angebaut werden

kann. Diese seien in bestimmter Weise durchnumeriert. Unter den noch nicht eroberten Zellen aus L, welche an die besagte Zelle stoßen, wählen wir nun diejenige, welche an die Seite, Kante oder Ecke mit der kleinsten Nummer stößt und bezeichnen sie mit S_{n+1} . Bei diesem Verfahren gibt es nun offensichtlich nur d_o Möglichkeiten für die Wahl von S_{n+1} . Da L zusammenhängend ist, läßt es sich auf diese Weise vollständig erobern. Schließlich stehen bei dem Verfahren höchstens $(d_o+1)\, d_o^{\,1-2}$ verschiedene Möglichkeiten offen, und damit ist Behauptung (a) bewiesen.

"(b)" Sei $S_t \in \mathbb{M}_V$ diejenige Zelle mit $t \in S_t$ und γ ein zu einer beliebigen Achse paralleler Pfad mit Anfangszelle S_t und von der Länge 1 . Ist dann $L \subset \mathbb{M}$ zusammenhängend mit $t \in V(L)$ und $|L| = 1$, so ist stets $L \cap \gamma \neq \emptyset$, und für die S_t am nächsten gelegene Schnittzelle gibt es höchstens 1 Möglichkeiten. Hält man diese Schnittzelle fest, so gibt es für den restlichen Verlauf von L noch höchstens $d_o^{\,1}$ Möglichkeiten, insgesamt also $1\, d_o^{\,1}$ Möglichkeiten. QED.

<u>LEMMA 2</u>: Zu jedem $M \in \mathbb{N}$ existiert ein $d_M \in \mathbb{N}$ derart, daß für alle $t \in V$, alle $1 \in \mathbb{N}$ und alle $c \in C_V$ gilt:

$$| \phi_{-t}^{-1}(c) \cap C_V(t,1)| \le 1\, d_M^{\,1} .$$

BEWEIS: 1. Wir zeigen zuerst: Ist $L \subset \mathbb{M}_V$ zusammenhängend, so gilt für alle verträglichen Paare (c,K) die Implikation $g(c,K) = L \implies g^+(c,K) \smallsetminus g(c,K) = L^+$. Dabei sei $L^+ :=$ $\{ S \in \mathbb{M}:$ Zu jedem $S' \in \mathbb{M} \smallsetminus \mathbb{M}_V$ existiert ein Pfad $\gamma(S,S')$ mit $\gamma(S,S') \cap L = \emptyset$. Sei nämlich $S \in g^+ \smallsetminus L$. Dann existiert ein $L' \in \mathbb{K}$ mit $S \in L'$, $K \not\gg L'$ und also ein Weg $\gamma(L',K_{ext})$ mit $K \notin \gamma(L',K_{ext})$. Nun gibt es aber zu jedem Weg mindestens einen Pfad, der nur Zellen aus Komponenten des Weges trifft und zwei beliebige Zellen in der ersten und letzten Komponente des Weges miteinander verbindet. Hieraus folgt die Inklusion $g^+ \setminus L \subset L^+$. Ist andrerseits $S \notin L^+$ und

$\gamma(S,S')$ ein Pfad zu einer Zelle $S' \in \mathbb{M} \setminus \mathbb{M}_V$ mit $\gamma(S,S') \cap$

$\cap L = \emptyset$, so bilden die Komponenten, durch welche $\gamma(S,S')$

läuft, einen Weg $\gamma(L',K_{ext})$ von einer Komponente L' mit

$S \notin L'$ nach K_{ext} , welcher K nicht enthält. Dies impliziert

$K \not\gg L'$ und also $S \notin g^+$, und hieraus folgt wegen $L^+ \cap L = \emptyset$

die Behauptung.

2. Seien $t \in V$, $1 \in \mathbb{N}$ und $c \in \phi_{-t}(C_V(t,1))$ beliebig vorge-

geben. Für jedes $c' \in C_V(t,1)$ mit $c'_{-t} = c$ gilt dann zunächst

einmal $|g(c',K(c',t))| = 1$. Betrachte ferner eine beliebige

zusammenhängende Menge $L \subset \mathbb{M}_V$ mit $t \in V(L)$ und $|L| = 1$. Ist

dann $g(c',K(c',t)) = L$, so ist $c'(t) = c(t)$ für $t \notin L^+$ und

$c'(t) = 1-c(t)$ auf $\mathbb{M} \setminus (L \cup L^+)$. c' kann dann also nur noch

auf L variieren, und dafür gibt es höchstens $2^{M^{\vee}1}$ Möglich-

keiten. Nach Lemma 1(b) sind nun nur noch höchstens $1 \, d_o^{\,1}$

Möglichkeiten zu berücksichtigen, ein L in der angegebenen

Weise festzulegen. Also ist mit $d_M := d_o \, 2^{M^{\vee}}$ Lemma 2 für alle

$c \in \phi_{-t}(C_V(t,1))$ bewiesen. Für alle anderen c ist

$\phi_{-t}^{-1}(c) \cap C_V(t,1) = \emptyset$ und somit die Behauptung trivial. QED.

5.4   Wir wollen nun die Wirkung der Abbildungen ϕ_{-K} und

ϕ_{-t} auf die Wechselwirkungsenergie einer Konfiguration

untersuchen. Dazu stellen wir an die Wechselwirkungspotenti-

ale eine etwas schärfere Forderung als in Satz 5.1, die

wir aber im nachherein wieder werden abschwächen können.

Ist $U \in \mathbb{U}_{AS}$, so ist durch

$$s_1 \overset{M}{\underset{U}{\sim}} s_2 \quad :\Longleftrightarrow \quad \text{Es existieren } t_1, \dots, t_m \in T^* \text{ mit } \|t_1\| \leq M,$$
$$\|t_1 + \dots + t_m\| \leq M \ , \ U(t_1) = -\, \propto_M^2 (U) \text{ und}$$
$$s_1 - s_2 = t_1 + \dots + t_m \quad (\, 1 \in \{1, \dots, m\})$$

eine Äquivalenzrelation auf T erklärt.

DEFINITION: Wir sagen, __U erzeuge T bei M__, wenn für alle $e \in T$ mit $\| e \| = 1$ die Relation $e \overset{M}{\underset{U}{\sim}} 0$ erfüllt ist.

Beispielweise erzeugt das ISING-Potential das Gitter **T** bei beliebigem M . Das folgende Lemma nun ist die Verallgemeinerung von 4.3 Gleichung (1) .

LEMMA : Es existiert eine Konstante $D > 0$ derart, daß für alle $M \in \mathbb{N}$ und alle $U \in \mathfrak{U}_D(M)$ mit der Eigenschaft

$$\alpha_M(U) = \alpha_M^2(U) \implies U \text{ erzeugt } T \text{ bei } M \qquad (\; 1 \;)$$

und alle verträglichen Paare (c,K) und beliebiges $i \in \{0,1\}$ gilt:

$$U_{V/\bar{i}}(c) - U_{V/\bar{i}}(c_{-K}) \geqq D \; \alpha_M(U) \; |g(c,K)| \; . \; (\; 2 \;)$$

Dabei sei für $\bar{c} \in C_{\bar{V}}$ $\quad U_{V/\bar{c}}(c) := - \hat{\mu}(U) \, N(c,V) +$

$$+ \frac{1}{2} \sideset{}{^*}\sum_{s,t \in V} c(s) c(t) U(s-t) + \sum_{s \in V, t \in \bar{V}} c(s) \bar{c}(t) U(s-t)$$

der Exponent in der Definition von $q_{V/\bar{c}}$.

Den BEWEIS dieses Lemma gliedern wir in mehrere Teile: Im Abschnitt A. bringen wir die linke Seite von (2) in eine explizitere Gestalt, die dann mit kombinatorischen Methoden abgeschätzt wird. Dies geschieht mit Hilfe von Fallunterscheidungen in den Abschnitten B.,C.,D. und E. .

__A.__ 1. Sei (c,K) ein verträgliches Paar, und setze c mit Hilfe der Außenbedingung auf T fort, d.h. es sei $c^i := (c,\bar{i})$ $\in C$ $(i \in \{0,1\})$. Wir betrachten zunächst den Fall $i=0$. Es ist

$$U_{V/\bar{0}}(c) = - \frac{1}{2} \sideset{}{^*}\sum_{s \in V, t \in T} c(s)U(s-t) + \frac{1}{2} \sideset{}{^*}\sum_{s,t \in V} c(s)c(t)U(s-t) =$$

$$= - \frac{1}{2} \sideset{}{^*}\sum_{s,t \in T} c^0(s)U(s-t) + \frac{1}{2} \sideset{}{^*}\sum_{s,t \in T} c^0(s)c^0(t)U(s-t) =$$

$$= - \frac{1}{2} \sideset{}{^*}\sum_{s,t \in T} c^0(s)(1 - c^0(t)) U(s-t).$$

Entsprechend erhält man für $i=1$ $\quad U_{V/\bar{1}}(c) = - \frac{1}{2} \sideset{}{^*}\sum_{s,t \in T} c^1(s)(1-c^1(t))U(s-t) +$

$$+ \frac{1}{2} \sum_{s \in V, t \in \bar{V}} U(s-t) \; .$$

Wegen $K_{ext} \subset g^+ \smallsetminus K$ ist $c_{-K}^i(t) = c^i(t) = \bar{i}(t) = i \; (t \in \bar{V})$, es ergibt sich also in beiden Fällen

$$U_{V/\overline{i}}(c) - U_{V/\overline{i}}(c_{-K}) = \tag{3}$$

$$= -\frac{1}{2} \sum_{s,t \in T}^{*} c^i(s)(1-c^i(t))U(s-t) + \frac{1}{2} \sum_{s,t \in T}^{*} c_{-K}^{\,i}(s)(1-c_{-K}^{\,i}(t))U(s-t).$$

2. Wir untersuchen nun die rechte Seite von Gleichung (3).
Man sieht sofort, daß sich in ihr die Terme mit $s,t \in g^+ \smallsetminus K$
und $s,t \in g^- \smallsetminus \hat{K}$ gegenseitig wegheben. Sei also etwa $s \in g^+$
und $t \in g^-$ (Unter Beachtung der Antisymmetrie der Summanden
in s und t läßt sich der Fall $s \in g^-, t \in g^+$ unter den betrachteten subsumieren.). Wir fragen nach dem Koeffizienten
$a_{s,t} = a_{s,t}(c)$ von $U(s-t)$. Ist $c(s) = 1-c(t)$, so taucht
$U(s-t)$ in der linken Summe auf; $U(s-t)$ erhält also den Koeffizienten $-\frac{1}{2}$ oder, wenn der betreffende Summand in der
rechten Summe nicht verschwindet, 0 . Eine entsprechende
Überlegung für den Fall $c(s) = c(t)$ führt uns zu dem Resultat

$$U_{V/\overline{i}}(c) - U_{V/\overline{i}}(c_{-K}) = \frac{1}{2} \sum_{s \in g^+(c,K),\, t \in g^-(c,K)} a_{s,t}(c)U(s-t)$$

$$=: \sum_{(-)} + \sum_{(+)} , \tag{4}$$

wobei $a_{s,t}(c) \in \begin{cases} \{0,1\} \\ \{0,-1\} \end{cases}$ für $\begin{array}{l} c(t) = c(s) \\ c(t) = 1-c(s) \end{array}$ $\tag{5}$

und $\displaystyle \sum_{(\pm)} := \pm \frac{1}{2} \sum_{\substack{s \in g^+,\, t \in g^- \\ a_{s,t} = \pm 1}} U(s-t)$ ist.

Die Definition von c_{-K} liefert uns noch erheblich genau-
ere Informationen über $a_{s,t}$, doch ist es praktischer,
diese erst dort zu verifizieren, wo sie benötigt werden.

Für die Abschätzung der Summen in (4) unterscheiden
wir nun vier Fälle von Wechselwirkungspotentialen. Das
verträgliche Paar (c,K) und $i \in \{0,1\}$ bleiben dabei fest, so
daß wir sie in unserer Notation fortlassen können.

__B.__ Sei $U \in \mathfrak{U}_D(M) \cap \mathfrak{U}_{FR}(M)$, $\alpha_M(U) = \alpha_M^2(U)$
also $U \leq 0$ und rotationsinvariant.

$\underline{B1}$. Zu jedem Einheitsvektor e existieren wegen (1) Punkte $t_1,\dots,t_m \in T^*$ mit $U(t_1) = -\alpha_M(U)$, $t_1+\dots+t_m = e$, $\|t_1\| \le M$ und $\|t_1+\dots+t_1\| \le M$ ($1 \in \{1,\dots,m\}$). Wegen $U \in \mathfrak{U}_{FR}(M)$ gilt die Implikation $U(s-t) \ne 0$, $s \in S, t \in R \implies S$ oo R für je zwei Zellen $S,R \in \mathbb{M}$. In Gleichung (3) gehen also höchstens solche Summanden ein, für welche s und t beide in dem "kritischen Bereich"

$$\mathfrak{g} := \{S \in K : S \text{ oo } R \text{ für ein } R \in \hat{K}\} \cup \{S \in \hat{K} : S \text{ oo } R \text{ für ein } R \in K\}$$

liegen. Nun ist c_{-K} aber gerade so definiert, daß die Beziehung

$$c_{-K}(t) = \text{const} \qquad (t \in \in \mathfrak{g}) \tag{6}$$

erfüllt ist. Denn an $K \cap \hat{K}$ grenzt ja eine "Pufferzone" von Zellen, die entweder "ganz voll" oder "ganz leer" sind; eine Zelle aus $\mathbb{M}_0 \cap \mathbb{M}_1$ müßte nämlich noch zu $K \cap \hat{K}$ gehören. Vergleicht man (3) und (6), so sieht man, daß der Fall $a_{s,t} = 1$ nicht eintritt. Also ist $\sum_{(+)} = 0$, und wir müssen nur noch $\sum_{(-)}$ betrachten.

$\underline{B2}$. Zur Abschätzung von $\sum_{(-)}$ genügt zu zeigen, daß zu jedem $S \in \mathfrak{g}$ ein Paar $(s^*,t^*) \in \in \mathfrak{g}^+ \times \mathfrak{g}^-$ existiert mit $a_{s^*,t^*} = -1$ und $U(s^*-t^*) = -\alpha_M(U)$, sofern es ein $D > 0$ gibt mit der Eigenschaft, daß jedes Punktepaar von höchstens $\frac{1}{2D}$ verschiedenen Zellen aus g in Anspruch genommen wird. Denn dann gilt $\sum_{(-)} \ge D\, \alpha_M(U)\, |g|$, und gerade das ist zu zeigen.

Auf der Suche nach solchen Punktepaaren machen wir folgende Fallunterscheidung: Ist $S \in \mathfrak{g}$, so gilt entweder

(a) Es existiert ein $R \in (\hat{K}\setminus K)\cup(K\setminus\hat{K})$ mit S oo R , oder

(b) R oo $S \implies R \in K \cap \hat{K}$.

Im Fall (a) existieren zwei Zellen $S_1 \in \mathbb{M}_i \setminus \mathbb{M}_{1-i}$ und $S_2 \in \mathbb{M}_{1-i}$ ($i=0$ oder 1), die eine gemeinsame Seite besitzen und in der Relation S_1 oo S oo S_2 stehen. (Ist nämlich

etwa $R \in \hat{K} \smallsetminus K$, so nehmen wir den ungünstigsten Fall an, daß
nämlich S und R nur eine Ecke gemeinsam haben, und betrach-
ten diejenigen Nachbarzellen von S, die mit R eine gemeinsame Seite besitzen. Liegt eine von diesen in K, so leistet diese zusammen mit R das Verlangte. Andernfalls lie-
gen all diese Zellen in $\hat{K} \smallsetminus K$, und es gibt also ein $R' \in \hat{K} \smallsetminus K$,
das mit S mindestens eine Kante gemeinsam hat. Für R'
kann man nun die gleiche Überlegung anstellen wie für R
und hat entweder schon Erfolg oder findet ein $R'' \in \hat{K} \smallsetminus K$,
das mit S mindestens eine Seite gemeinsam hat und also
zusammen mit S das Verlangte leistet. Übrigens stopt das
Verfahren für $\nu = 2$ schon bei R'.)

Wähle nun $t^* \in S_2$ derart, daß $c(t^*) = 1-i$ und $c(t)=i$ für
alle $t \in S_2$, die von S_1 geringeren Abstand haben, als t^*
ihn hat. Wähle ferner ein beliebiges t_1, wie wir es zu Beginn von Abschnitt B1. bereitgestellt haben, und drehe es
so, daß es von t^* in Richtung von S_1 weist. Dies ist wegen der Rotationsinvarianz von U erlaubt. Dann liegt
$s^* := t^* + t_1$ wegen $\| t_1 \| \leq M$ in S_2 oder in S_1 , und jeden-
falls gilt $c(s^*) = i = 1 - c(t^*)$, wegen (6) also $a_{s^*, t^*} =$
$= -1$. Nach Voraussetzung ist $U(s^* - t^*) = U(t_1) = -\alpha_M(U)$,
und damit ist Fall (a) erfolgreich abgeschlossen.

Im Fall (b) existiert wegen $S \in K \cap \hat{K} \subset \mathbb{M}_0 \cap \mathbb{M}_1$ ein
$t \in S$ und ein Einheitsvektor e mit $c(t) = 1 - c(t+e)$ und
$t+e \notin K \cap \hat{K}$. Wegen $t_1 + \ldots + t_m = e$ existiert daher ein $1 \in$
$\{1, \ldots, m-1\}$ derart, daß für $s^* := t + t_1 + \ldots + t_1$ und $t^* :=$
$t + t_1 + \ldots + t_{1+1}$ die Gleichung $c(s^*) = 1 - c(t^*)$ und wegen
$s^*, t^* \notin \hat{g}$ und (6) sogar $a_{s^*, t^*} = -1$ richtig ist. Wegen
$U(s^* - t^*) = U(t_{1+1}) = -\alpha_M(U)$ ist damit auch der Fall (b)
zum Erfolg geführt.

Wir müssen nun nur noch kontrollieren, wieviel ver-

schiedenen $S \in g$ ein und dasselbe Punktepaar höchstens
zugeordnet werden kann. Das das zu S gehörige Punktepaar
in zu S benachbarten Zellen liegt, läßt sich diese Anzahl nun jedoch offensichtlich durch $\frac{1}{2D} := 3^\nu$ beschränken. Damit ist das Lemma im Fall B. bewiesen.

<u>C.</u>   Sei $U \in \mathbb{U}_D(M) \setminus \mathbb{U}_{FR}(M)$, $\alpha_M(U) = \alpha_M^2(U)$,

   also $U \leqq O$ und rotationsinvariant .

<u>C1.</u> Auf gleiche Weise wie in Abschnitt B2. erhalten wir
die Ungleichung $\sum_{(-)} \geqq D \, \alpha_M(U) \, |g|$, allerdings ist
jetzt i.a. auch $\sum_{(+)}$ von Null verschieden.

   Zu deren Abschätzung führen wir folgende Begriffsbil-
dung ein: Sind $s = (s^1,\ldots,s^\nu)$, $t = (t^1,\ldots,t^\nu) \in T$, so bezeichne $\gamma_j(s,t)$ die Menge aller Gitterpunkte auf der Strecke
von $(t^1,\ldots,t^{j-1},s^j,\ldots,s^\nu)$ nach $(t^1,\ldots,t^j,s^{j+1},\ldots,s^\nu)$ $(j \in \{1,\ldots,\nu\})$.
Wir wollen nun sagen, eine Zelle $S \in \mathbb{M}$ sei zu $(s,t) \in T^2$
<u>assoziiert</u>, im Zeichen $S \sim (s,t)$, wenn für ein $j \in \{1,\ldots,\nu\}$
gilt: S wird von $\gamma_j(s,t)$ "aufgespießt", d.h. wenn die
Relationen $\gamma_j(s,t) \cap S \neq \emptyset$ und $\{\tau^j : \tau \in S\} \subset [\min(s^j,t^j),\max(s^j,t^j)]$
erfüllt sind.

   Wir können nun zeigen: Ist $s \in\hspace{-0.7em}\in g^+$ und $t \in\hspace{-0.7em}\in g^-$, so folgt
aus der Annahme $a_{s,t} = 1$ die Existenz eines $S_0 \in \mathbb{M}$ mit
S_0 oo S' für ein $S' \in g$ und $S_0 \sim (s,t)$.

   Zum Beweis stellen wir zunächst folgendes fest: In der
Situation " $s \in S \in g^+$, $t \in R \in g^-$, $a_{s,t} = 1$ " gilt stets
$S \not{oo}\, R$. Andernfalls wären nämlich $s,t \in\hspace{-0.7em}\in \hat{g}$, was wegen
(6) im Widerspruch zu $a_{s,t} = 1$ steht. Also existiert ein
$j \in \{1,\ldots,\nu\}$ mit $|t^j - s^j| > M$.

   Bezeichne nun $\gamma(S,R)$ denjenigen Pfad von S nach R ,
der nacheinander in Richtung der ν orthogonalen Basis-
vektoren verläuft. Wegen der in Abschnitt 1. im Beweis
von 5.3 Lemma 2 bewiesenen Kennzeichnung von $g^+ \setminus g$

existiert ein $S' \in g \cap \gamma(S,R)$. Liegt S' nicht am Anfang, am Ende oder an einem Knick von $\gamma(S,R)$, so gilt bereits S' oo $S_o \sim (s,t)$. Andernfalls leistet wegen $S \not\!oo R$ eine zu S' benachbarte Zelle S_o das Verlangte.

$\underline{C2}$. Aufgrund der Ergebnisse in Abschnitt C1. genügt es, den Betrag der Summe $\sum_o := \frac{1}{2} \sum U(s-t)$ über alle zu irgendeinem $S_o \in \mathbb{M}$ mit S_o oo $S' \in g$ assoziierten Paare $(s,t) \in g^+ \times g^-$ abzuschätzen. Dazu betrachten wir bei festem $S \in \mathbb{M}$ die Summe $\sum_{(S)}$ über alle $(s,t) \in g^+ \times g^-$ mit $S \sim (s,t)$. Halten wir zunächst auch $s \in g^+$ fest und betrachten zu $j \in \{1,\dots,\nu\}$ und $r \in \mathbb{N}$ die Menge $g^-_{j,r}(s) := \{ t \in g^- : |t^j - s^j| = r \}$, so haben wir die Ab-schätzung

$$\sum_{(j,r,s)} := \frac{1}{2} \sum_{t \in g^-_{j,r}(s)} |U(s-t)| \leq \frac{1}{2} D_o \propto_M(U) \sum_{t \in g^-_{j,r}(s)} \| s-t \|^{-2\nu-2\varepsilon}$$

$$= \frac{1}{2} D_o \propto_M(U) \sum_{k_1,\dots,k_{\nu-1} = -\infty}^{\infty} \left(r^2 + \sum_{j=1}^{\nu-1} k_j^2 \right)^{-\nu-\varepsilon}$$

Von der letzten Reihe schätzen wir die Terme mit $(k_1,\dots,k_{\nu-1}) \neq (0,\dots,0)$ durch das zugehörige Integral ab. Es ist

$$r^{\nu+1+2\varepsilon} \int_{-\infty}^{\infty} \dots \int_{-\infty}^{\infty} \frac{dx_1 \dots dx_{\nu-1}}{(r^2 + \sum_{j=1}^{\nu-1} x_j^2)^{\nu+\varepsilon}} = \int_{-\infty}^{\infty} \dots \int_{-\infty}^{\infty} \frac{dy_1 \dots dy_{\nu-1}}{(1 + \sum_{j=1}^{\nu-1} y_j^2)^{\nu+\varepsilon}}$$

$$\leq \int_{-\infty}^{\infty} \dots \int_{-\infty}^{\infty} \frac{dy_1 \dots dy_{\nu-1}}{(1 + \sum_{j=1}^{\nu-1} y_j^2)} \leq \nu \left(\frac{\pi}{4} \right)^{\nu-1} =: D_1 \quad .$$

Mit $D_2 := \frac{1}{2} D_o (D_1 + 1)$ erhalten wir also das Resultat

$$\sum_{(j,r,s)} < D_2 \ r^{-\nu-1-2\varepsilon} \propto_M(U) \quad (j \in \{1,\dots,\nu\}, \ r \in \mathbb{N}) \quad .$$

Nach Konstruktion gilt nun weiter

$$\tilde{S} := \{ (s,t) \in g^+ \times g^- : S \sim (s,t) \} \subset \bigcup_{j=1}^{\nu} \{ (s,t) \in g^+ \times g^- :$$

$$\gamma_j(s,t) \cap S \neq \emptyset , \ |s^j - t^j| > M \} \ =$$

$$= \bigcup_{j=1}^{\nu} \bigcup_{r>M} \left\{ (s,t) \in g^{+} \times g^{-} : t \in g_{j,r}^{-}(s),\ \gamma_{\bar{j}}(s,t) \cap S \neq \emptyset \right\}.$$

Bezeichnen wir mit S^{j} eine zu $\gamma_{j}(s,t)$ orthogonale Seite von S, so können wir weiterschreiben

$$\widetilde{S} \subset \bigcup_{j=1}^{\nu} \bigcup_{r>M} \bigcup_{\tau \in Sj} \left\{ (s,t) \in g^{+} \times g^{-} : t \in g_{j,r}^{-}(s), \tau \in \gamma_{j}^{-}(s,t) \right\}.$$

Beachtet man nun noch, daß $\left| \left\{ s \in g^{+} : g_{j,r}^{-}(s) \neq \emptyset, s^{1} = \tau^{1}\,(1 \neq j) \right\} \right|$ $\leq r-M$ ist, so folgt

$$\left| \sum\nolimits_{(S)} \right| := \left| \frac{1}{2} \sum_{(s,t) \in S} U(s-t) \right| \leq$$

$$\leq \frac{1}{2} \sum_{j=1}^{\nu} \sum_{r>M} \sum_{\tau \in S^{j}} \sum_{s \in g^{+},\, s^{1}=\tau^{1}\,(1 \neq j)} \sum_{(j,r,s)} \leq$$

$$\leq \frac{1}{2} \nu\, M^{\nu-1} D_{2} \propto_{M}(U) \sum_{r>M} (r-M)\, r^{-\nu-1-2\varepsilon} \leq \frac{\nu}{2} M^{\nu-1} D_{2} \propto_{M}(U) \sum_{r>M} r^{-\nu-2\varepsilon}$$

$$\leq \frac{\nu}{2} M^{\nu-1} D_{2} \propto_{M}(U)\ M^{-(\nu-1)-\varepsilon} \frac{1}{2\varepsilon} 2^{\varepsilon+1} =: D_{3}\, M^{-\varepsilon} \propto_{M}(U).$$

Lassen wir nun noch S in der in $\sum\nolimits_{0}$ vorgesehenen Weise variieren, so erhalten wir endlich aufgrund von Ungleichung (b)(ii) in der Definition von $\mathrm{U}_{D}(M)$ die Abschätzung

$$\left| \sum\nolimits_{(+)} \right| \leq \left| \sum\nolimits_{0} \right| \leq 3^{\nu}\, |g|\, D_{3}\, M^{-\varepsilon} \propto_{M}(U) \leq \frac{D}{2} \propto_{M}(U)\, |g|.$$

Wir haben damit gezeigt, daß Ungleichung (2) mit $D' := \frac{D}{2}$ auch im Fall C. richtig ist.

<u>D.</u>   Sei $U \in \mathrm{U}_{D}(M) \cap \mathrm{U}_{FR}(M)$, $\propto_{M}(U) = \propto_{M}^{1}(U)$.

<u>D1.</u> Wie in B1. erhalten wir das Resultat $\sum\nolimits_{(+)} = 0$, so daß wir nur noch $\sum\nolimits_{(-)}$ abzuschätzen brauchen.

Wir nennen $s \in T$ <u>singulär</u> in K bei c, wenn ein Einheitsvektor e existiert mit $s \in K$, $s+e \in \hat{K}$ und $c(s) = 1 - c(s+e) =$ $= i$, sofern $K \in \mathbb{K}_{i}$. Setze

$$\sigma := \sigma(c,K) := \left| \left\{ s \in T : s\ \text{singulär in } K \text{ bei } c \right\} \right|.$$

Nun existiert zu jeder Zelle $S \in g$ ein $R \in \hat{K}$ mit $S\ oo\ R$, also zu jedem $S \in g$ ein $S_{0} \in \mathbb{M}$ mit $S_{0}\ oo\ S$, welches einen singulären Punkt besitzt (Je nach der Lage von S in g

wähle man s_0 als eine der Zellen S und R oder als eine Zelle, die mit R eine Seite gemeinsam hat.) Hieraus folgt

$$\sigma \;\geqq\; 3^{-\nu}\,|g| \qquad\qquad . \qquad\qquad\qquad (\,7\,)$$

Sei nun ein singulärer Punkt s_0 vorgegeben. Dann sind
s_0, $s_0 + e \in\in \hat{g}$. Ferner ist für jedes $t \in T$ mit $\|t\| < M$
auch $t_0 := s_0 + t \in\in \hat{g}$. Ist nun $t_0 \in\in K \smallsetminus \hat{K}$, so ist $c(t_0) =$
i (und $c(s_0 + e) = 1 - i$, wobei $s_0 + e \in\in g^+$ und $t_0 \in\in g^-$);
ist $t_0 \in\in \hat{K} \smallsetminus K$, so ist $c(t_0) = 1 - i$ (und $c(s_0) = i$, wobei
$t_0 \in\in g^+$ und $s_0 \in\in g^-$); ist schließlich $t_0 \in\in K \cap \hat{K} = g^- \cap g^+$,
so erfüllt im Falle $c(t_0) = i$ das Paar $(s_0 + e, t_0) \in\in g^+ \times g^-$
die Gleichung $c(s_0 + e) = 1 - c(t_0)$ und im Fall $c(t_0) = 1 - i$ das
Paar $(t_0, s_0) \in\in g^+ \times g^-$ die Gleichung $c(t_0) = 1 - c(s_0)$. Als
Resultat erhalten wir hieraus zusammen mit (5) und (6),
daß entweder a_{t_0, s_0} (definiert und) $= -1$ oder $a_{s_0 + e, t_0}$
(definiert und) $= -1$ ist. Mit der Bezeichnung

$$H(s_0) := \left\{ (s,t) \in\in g^+ \times g^- : \; s-t \in T_-(U),\; a_{s,t} = -1,\; \{s,t\} \cap h(s_0) \neq \emptyset \right\}$$

impliziert dies die Ungleichung

$$\overline{\sum}_{(s_0)} := \overline{\sum_{(s,t) \in H(s_0)}} a_{s,t}\, U(s-t) \;\geqq\; - \overline{\sum_{\substack{\|t\| < M \\ h(t) \subset T_-(U)}}} \; \max_{s \in h(t)} U(s).$$

Da jedes $(s,t) \in T^2$ die Relation $\{s,t\} \cap h(s_0) \neq \emptyset$ für
höchstens 4ν verschiedene singuläre Punkte s_0 erfüllen
kann (denn c ist auf keinem $h(s_0)$ konstant), erhält man
hieraus die Abschätzung

$$- \overline{\sum_{\substack{(s,t) \in\in g^+ \times g^- \\ s-t \in \underline{T}_-(U),\, a_{s,t} = -1}}} U(s-t) \;\geqq\; - \frac{\sigma}{4\nu} \overline{\sum_{\substack{\|t\| < M \\ h(t) \subset \underline{T}_-(U)}}} \; \max_{s \in h(t)} U(s). \qquad (\,8\,)$$

<u>D2</u>. Uns bleibt nun noch die Summe der Terme mit $s-t \in T_+(U)$
abzuschätzen. Dazu führen wir ähnlich wie in C1. folgende
Begriffsbildung ein: Wir wollen sagen, $s_0 \in T$ sei zu (s,t)
$\in\in T^2$ <u>assoziiert</u>, im Zeichen $s_0 \sim (s,t)$, wenn ein $j \in \{1,\dots,\nu\}$
existiert mit $s_0 \in \gamma_j(s,t)$.

Wir können nun zeigen: Ist $s \leftleftarrows g^+$ und $t \leftleftarrows g^-$, so folgt aus der Relation $a_{s,t} = -1$ die Existenz eines singulären Punktes $s_0 \leftarrow T$ mit $s_0 \sim (s,t)$.

Denn aus $a_{s,t} = -1$ folgt zunächst $c(s) = 1-c(t)$. Folgt man also dem Streckenzug $\gamma = \bigcup\limits_{j=1}^{\nu} \gamma_j(s,t)$ von s nach t, so muß c für mindestens ein Paar benachbarter Punkte von γ verschiedene Werte annehmen. Einer von beiden Punkten ist (in K bei c) singulär und nach Konstruktion zu (s,t) assoziiert.

Betrachte nun für s_0, $t_0 \leftarrow T$ die Menge
$A(s_0,t_0) := \left\{ (s,t) \leftarrow T^2 : s-t = t_0 , s_0 \sim (s,t) \right\}$. Dann gilt stets $| A(s_0,t_0)| = \sum\limits_{j=1}^{\nu} |t_0^j| + 1 \leq 2(\| t_0\| +1)$, denn für alle $(s,t) \leftarrow A(s_0,t_0)$ muß s_0 mit einem der $\sum\limits_{j=1}^{\nu} |t_0^j| + 1$ Punkte von γ zusammenfallen. Dies liefert uns die Ungleichung

$$\sum_{\substack{s,t \leftarrow T \\ s-t \leftarrow T_+(U), s_0 \sim (s,t)}} U(s-t) \leq 2 \sum_{t_0 \leftarrow T_+(U)} (\| t_0\| + 1)\, U(t_0)$$

für jeden singulären Punkt s_0 und also nach der vorangegangenen Überlegung

$$- \sum_{\substack{s \leftleftarrows g^+, t \leftleftarrows g^- \\ a_{s,t}=-1, s-t \leftarrow T_+(U)}} U(s-t) \geq - 2\, \sigma \sum_{t \leftarrow T_+(U)} (\| t\| + 1)\, U(t) \ .$$

Zusammen mit (7) und (8) resultiert hieraus

$$\sum_{(-)} \geq \tfrac{1}{2} 3^{-\nu} |g| 2 \left[- \sum_{t \leftarrow T_+(U)} (\| t\|+1) U(t) - \frac{1}{8\nu} \sum_{\substack{\| t\| < M \\ h(t) \subset \underline{T}(U)}} \max_{s \leftarrow h(t)} U(s) \right]$$

$$= D'' \, \propto_M(U) \ | g | \ .$$

Damit ist Ungleichung (2) mit $D'' := 3^{-\nu}$ auch im Fall D. verifiziert.

<u>E.</u>   Sei $U \leftarrow \mathrm{U}_D(M) \smallsetminus \mathrm{U}_{FR}(M), \propto_M(U) = \propto_M^1(U)$.

Die Verallgemeinerung von D. auf E. geht genauso vonstatten wie die von B. auf C., indem zusätzlich zu $\sum_{(-)}$

auch $\sum_{(+)}$ abgeschätzt wird. Diese Abschätzung beruhte in $C.$ nur auf den Eigenschaften von U, die uns jetzt ebenfalls zur Verfügung stehen, und Ungleichung (2) erweist sich auch jetzt als richtig mit $D''' := D'' - D' = \dfrac{1}{4 \; 3^{\nu-1}}$.

In der Aussage des Lemma wird die Existenz eines universalen D gefordert. Dies leistet $D' = \min(D, D', D'', D''') = \dfrac{1}{4 \; 3^{\nu}}$. Damit ist Lemma 5.4 vollständig bewiesen.   QED.

Unmittelbar aus dem Lemma ergibt sich folgendes

COROLLAR: Es existiert eine Konstante $D > 0$ derart, daß für alle $M \in \mathbb{N}$ und alle $U \in \mathfrak{U}_D(M)$ mit der Eigenschaft (1) , alle $t \in V$ und bei beliebigem $i \in \{0,1\}$ für alle $c \in C_V^i(t)$ gilt:

$$U_{V/\mathbb{1}}(c) - U_{V/\mathbb{1}}(c_{-t}) \;\geq\; D \; \propto_M(U) \; g_t(c) \;.$$

5.5   Mit Hilfe der erzielten Resultate gelingt uns nun rasch der Nachweis für das Auftreten eines Phasenübergangs. Wir zeigen folgendes

LEMMA : Für alle $M \in \mathbb{N}$ existiert ein $\propto_M \, > 0$ derart, daß für alle $U \in \mathfrak{U}_D(M)$ mit $\propto_M(U) > \propto_M$ die Ungleichung

$$\text{th-lim inf } E_{V/c}^{\hat{\mu}(U),U} \left(\frac{N(.,V)}{V} \right) \;<\; \text{th-lim sup } E_{V/c}^{\hat{\mu}(U),U} \left(\frac{N(.,V)}{V} \right)$$

erfüllt ist, und es gilt:

$$\mathrm{PhTr}(\hat{\mu}(U),U) \;\nearrow\; [0,1] \quad (\; \propto_M(U) \;\nearrow\; \infty \;) \;.$$

Zieht man 3.3 Satz 2 heran, so sieht man sofort, daß mit diesem Lemma auch Satz 5.1 bewiesen sein wird.

BEWEIS: 1. Zunächst erfülle U die Voraussetzungen von Corollar 5.4 . Dieses impliziert dann zusammen mit 5.3 Lemma 2 für beliebiges $t \in V$ und $l \in \mathbb{N}$ die Ungleichungen

$$\sum_{c \in C_V(t,l)} \exp\left[- U_{V/\mathbb{1}}(c)\right] \;\leq\; \sum_{c \in C_V(t,l)} \exp\left[-U_{V/\mathbb{1}}(c_{-t})\right] e^{-D \, l \, \propto_M(U)}$$

$$\leq\; l \; d_M^{\,l} \; e^{-D \, l \, \propto_M(U)} \sum_{c \in \phi_{-t}(C_V(t,l))} \exp\, -U_{V/\mathbb{1}}(c) \;\leq$$

$\leq 1 \; \exp\left[-l\left(D\propto_M(U) - \log d_M\right)\right] \; Z_{V/\bar{1}}(\hat{\mu}(U),U)$, also

$q_{V/\bar{1}}\left(C_V(t,1)\right) \leq 1 \exp\left[-l\left(D\propto_M(U) - \log d_M\right)\right]$. Hieraus

ergibt sich schließlich die Ungleichung

$$q_{V/\bar{1}}\left(C_V^i(t)\right) \leq \sum_{l=1}^{\infty} 1 \; \exp\left[-l\left(D\propto_M(U) - \log d_M\right)\right]$$

$$= \frac{\exp\left[\log d_M - D\propto_M(U)\right]}{\left(1 - \exp\left[\log d_M - D\propto_M(U)\right]\right)^2} =: r_M\left(\propto_M(U)\right) \; ,$$

sofern $\propto_M(U) > D^{-1} \log d_M$. Nun ist aber die Funktion

r_M antiton. Wählen wir also $\propto_M$ als (die) Lösung der Glei-

chung $r_M(\propto_M) = \frac{1}{2}$, so gilt für alle $U \in \mathcal{U}_D(M)$, welche

die Implikation 5.4(1) und die Ungleichung $\propto_M(U) > \propto_M$

erfüllen, bei beliebigem $t \in V$ die Beziehung

$q_{V/\bar{1}}\left\{c \in C_V : c(t) = 1-i\right\} \leq r_-(U) := r_M\left(\propto_M(U)\right)$, d.h. es

gilt $q_{V/\bar{0}}\left\{c \in C_V : c(t) = 1\right\} \leq r_-(U) < \frac{1}{2}$

und $q_{V/\bar{1}}\left\{c \in C_V : c(t) = 1\right\} \geq r_+(U) := 1 - r_-(U) > \frac{1}{2}$ (1)

für alle $t \in V$. Weiter ergibt sich hieraus

$$E_{V/\bar{0}}\left(\frac{N(.,V)}{V}\right) = |V|^{-1} \sum_{t \in V} q_{V/\bar{0}}\left\{c \in C_V : c(t) = 1\right\} \leq r_-(U)$$

und $E_{V/\bar{1}}\left(\frac{N(.,V)}{V}\right) \geq r_+(U)$. Alle Abschätzungen, die wir

bisher gemacht haben, waren unabhängig davon, wieviel

Zellen der Kantenlänge M zu V gehören. Ist also $(V_k)_{k \in \mathbb{N}}$

eine Folge von Kuben der Kantenlänge kM $(k \in \mathbb{N})$, so gilt

$$\liminf_{k \to \infty} E_{V_k/\bar{0}}\left(\frac{N(.,V_k)}{V_k}\right) \leq r_-(U) < r_+(U) \leq \limsup_{k \to \infty} E_{V_k/\bar{1}}\left(\frac{N(.,V_k)}{V_k}\right).$$

Hieraus und aus der Beziehung $r_M(x) \to 0$ $(x \to \infty)$ ergibt

sich nun die Behauptung des Lemma unter der Voraussetzung

5.4 (1) .

2. Wir müssen uns nun noch von der Zusatzvoraussetzung lö-

sen, daß $U \in \mathcal{U}_D(M)$ die Implikation 5.4 (1) erfüllt. Sei

also $\propto_M(U) = \propto_M^2(U)$, d.h. insbesondere sei U nichtpositiv und rotationsinvariant. Statt der Bedingung " U erzeugt T bei M " haben wir wegen $\alpha_M^2(U) > 0$ immerhin noch die Eigenschaft " Es existiert ein $t \in T^*$ mit $\| t \| \leq M$ und $U(t) < 0$ " zur Verfügung, also ist die Äquivalenzrelation " $\frac{M}{U}$ " nichttrivial. Erzeugt U das Gitter T bei M, so gilt $| T/\frac{M}{U} | =: n = 1$. Im allgemeinen Fall gilt jetzt immerhin noch $n \in \mathbb{N}$; infolge der Rotationsinvarianz von U gilt nämlich $n \leq d^\nu$, wobei $d := \inf\{ \|s\| : s = t_1 - t_2, t_1 \frac{M}{U} t_2 \}$ gesetzt ist. Die Äquivalenzklassen von T unter " $\frac{M}{U}$ " wollen wir mit T_j ($j = 1, \dots, n$) bezeichnen.

Sei nun $M \in \mathbb{N}$ und $V \in \mathcal{W}$ ein beliebiger achsenparalleler Kubus der Kantenlänge $k\,M$ ($k \in \mathbb{N}$). Unser Ziel ist, für $\alpha_M(U) > \alpha_M$ die Ungleichungen (1) zu beweisen, da diese unsere Behauptung implizieren. Zu $j \in \{1, \dots, n\}$ und $W \subset T$ setze $W_j := W \cap T_j$. Dann ist $C_W = C_{W_1} \times \dots \times C_{W_n}$, d.h. jedes $c \in C_W$ besitzt eine Darstellung $c = (c_1, \dots, c_n)$ mit $c_j \in C_{W_j}$ ($j \in \{1, \dots, n\}$). Nun ist aber folgendes richtig: Sind $s \in T_j$, $t \in T_1$ mit $j \neq 1$, so ist $U(s-t) = 0$. Dies impliziert für beliebiges $c \in C_V$ und $\overline{c} \in C_{\overline{V}}$ die Gleichung $q_{V/\overline{c}}(c) = \prod_{j=1}^{n} q_{V_j/\overline{c}_j}(c_j)$. Ist weiter $t \in V$ beliebig vorgegeben, so existiert ein $j = j(t) \in \{1, \dots, n\}$ mit $t \in V_j$. Für dieses j gilt dann bei beliebigem $\overline{c} \in C_{\overline{V}}$

$$q_{V/\overline{c}} \{ c \in C_V : c(t) = 1 \} = \sum_{c \in C_V} c_j(t)\, q_{V/\overline{c}}(c) =$$

$$= \sum_{c_j \in C_{V_j}} c_j(t)\, q_{V_j/\overline{c}_j}(c_j) \prod_{1 \neq j} \sum_{c_1 \in C_{V_1}} q_{V_1/\overline{c}_1}(c_1) = \quad (2)$$

$$= q_{V_j/\overline{c}_j} \{ c \in C_{V_j} : c(t) = 1 \} \ .$$

Nun enthält aber jede Zelle der Kantenlänge M in V mindestens einen Punkt aus T_j . Also ist es möglich, von

"T_j-nichtleeren" und "T_j-nichtvollen" Zellen zu reden und
T_j-Konfigurationskomponenten zu konstruieren. An die Stelle der Vektoren e mit $\|e\| = 1$ treten dann die Vektoren e mit $\|e\| = d$. In diesem Sinne erzeugt dann U die Äquivalenzklasse T_j bei M . Alle bisher gewonnenen Ergebnisse lassen sich also auf T_j übertragen, und wir erhalten für $\propto_M(U) > \propto_M$ die Ungleichungen

$$q_{V_j/\overline{0}_j} \left\{ c \in C_{V_j} : c(t) = 1 \right\} \quad \leqq \quad r_-(U)$$

$$q_{V_j/\overline{1}_j} \left\{ c \in C_{V_j} : c(t) = 1 \right\} \quad \geqq \quad r_+(U)$$

und daher wegen (2) die Ungleichungen (1) für jedes t $\in$ V bei beliebigem $U \in \mathbb{U}_D(M)$.   QED.

DER KNICK DER ISOTHERME BEIM ISING-MODELL

§ 6
Korrelationsfunktionen nach MINLOS-SINAJ

Wie wir in § 4 gesehen haben, ist die GIBBS-Verteilung
für das ISING-Modell im Wesentlichen durch gewisse Arrangements von Kurven beschrieben, die kombinatorischen Methoden zugänglich sind. In diesem Paragraphen bauen wir diese
Methode weiter aus, so daß wir in § 7 die Ableitungen von
$\chi(\cdot,I_\beta)$ berechnen können. Ähnliche Ideen werden auch in
§ 1o Verwendung finden. Eine weitere wichtige Anwendung dieser Methode ist die Untersuchung der geometrischen Phänomene der Phasentrennung (siehe etwa [MS2] und [GML]) . Im
Folgenden beschränken wir uns auf den Fall $\nu = 2$.

6.1   Wir knüpfen an die Konstruktionen an, die wir in
Abschnitt 4.2 vorgenommen haben, insbesondere betrachten
wir die Menge $G = \bigcup_{V \in \mathcal{V}} G_V$ aller Kurven.

DEFINITION: Seien $g, h \in G$. Wir schreiben dann

(1) $g \times h$, wenn $g \cap h \neq \emptyset$,

(2) $g \perp h$, wenn $g \cap h = \emptyset$ und $V(g) \cap V(h) = \emptyset$, und

(3) $g \ll h$, wenn $g \cap h = \emptyset$ und $V(g) \subset V(h)$ ist.

Man sieht, daß zwischen je zwei Kurven $g, h \in G$ stets
genau eine der Relationen $g \times h$, $g \perp h$, $g \ll h$ und $h \ll g$
besteht. Ist ferner $a \subset G$, so schreiben wir $a \times g$
(bzw. $a \perp g$ bzw. $a \ll g$) , wenn für alle $h \in a$ die Relation
$h \times g$ (bzw. $h \perp g$ bzw. $h \ll g$) besteht.

Sei $V \in \mathcal{V}$. Betrachte die Außenbedingung $0 \in C_{\partial V}$ und setze für $c \notin C_V$

$$G(c) := \left\{ g \notin g(c/0) : h \notin g(c/0) \setminus \{g\} \Rightarrow h \perp g \text{ oder } h \ll g \right\} .$$

$G(c)$ heiße die Menge der _äußeren Kurven_ bei c. Stets gilt "$g, h \notin G(c) \Rightarrow g \perp h$ oder $g = h$", und ist V einfach zusammenhängend, so gilt $G(c) \subset g(c/0) \subset G_V$.

DEFINITION: _Arrangement in V_ heiße jede endliche (nicht notwendig nichtleere!) Menge $a \subset G_V$ mit der Eigenschaft "$g, h \notin a \Rightarrow g \perp h$ oder $g = h$". A_V bezeichne die Menge aller Arrangements in V und $A := \bigcup_{V \notin \mathcal{V}} A_V$ deren Vereinigung. Setze schließlich $A_V^* := A_V \setminus \{\emptyset\}$ und $A^* := A \setminus \{\emptyset\}$.

Ist $c \notin \widetilde{C}_V := \left\{ c \notin C_V : g \notin g(c/0) \Rightarrow V(g) \subset V \right\}$, so ist $G(c) \notin A_V$ (Für einfach zusammenhängende Volumina V ist $\widetilde{C}_V = C_V$).

Ist $a \notin A_V$, so betrachte die nichtleere Menge $C_V(a) := \left\{ c \notin C_V : G(c) = a \right\}$. Nach Lemma 4.2 ist dann

$$\widetilde{Z}_V := \widetilde{Z}_V(\mu, \beta) := \sum_{c \notin C_V} \exp\left[\bar{\mu} \, N(c, V) - \tfrac{\beta}{2} g(c/0) \right] =$$

$$= \sum_{a \notin A_V} \sum_{c \notin C_V(a)} \exp\left[\bar{\mu} \, N(c, V) - \tfrac{\beta}{2} g(c/0) \right] . \text{ Wir haben hier}$$

$\bar{\mu} := \mu - \hat{\mu}(I_\beta) = \mu + 2\beta$ gesetzt . Weiter besteht die Gleichheit $C_V(a) = \prod_{g \notin a}^{\times} C_g^+$ mit $C_g^+ := \left\{ c \notin C_{V(g)} : G(c) = \{g\} \right\}$.

Wegen $\bar{\mu} \, N(c, V) - \tfrac{\beta}{2} g(c/0) = \sum_{g \notin a} \bar{\mu} \, N(c, V(g)) - \tfrac{\beta}{2} g(c_{V(g)}/0)$

ergibt sich hieraus die Identität $Z_V(a) = \prod_{g \notin a} Z_g^+$,

wobei $Z_V(a)$ die Zustandssumme über $C_V(a)$ und $Z_g^+ = Z_g^+(\mu, \beta)$ die über C_g^+ bezeichnet. Es besteht also die Gleichung

$$\widetilde{Z}_V = \sum_{a \notin A_V} \prod_{g \notin a} Z_g^+ \quad .$$

Definieren wir nun auf A_V eine Wahrscheinlichkeitsvertei-

lung $p_V = p_V^{\mu,\beta}$ durch $p_V^{\mu,\beta}(a) := q_{V/0}^{\mu,I_\beta}(C_V(a) / \widetilde{C}_V)$,
so folgt aus den bisherigen Bemerkungen zusammen mit
Lemma 4.2 die Identität

$$p_V(a) = Z_V^{-1} \prod_{g \in a} Z_g^+ \qquad . \qquad\qquad (1)$$

Ist V einfach zusammenhängend, so ist $\widetilde{Z}_V = Z_V$ und
$p_V(a) = q_{V/0}(C_V(a))$ $(a \in A_V)$.

Zu p_V definieren wir Korrelationsfunktionen $k_V = k_V^{\mu,\beta}$
auf die in der Statistischen Mechanik übliche Weise durch

$$k_V^{\mu,\beta}(a) := p_V^{\mu,\beta}\{ b \in A_V : b \supset a \} \qquad (a \in A_V) .$$

Es ist nützlich, noch zusätzlich $k_V(a) := 0$ $(a \in \mathcal{P}(G) \smallsetminus A_V)$
zu vereinbaren.

<u>DEFINITION</u>: Die Funktionen k_V $(V \in \mathfrak{W})$ heißen <u>Korrelations-</u>
<u>funktionen</u> (nach MINLOS-SINAJ) . Die Restriktionen
$k_{V,N} := k_V|_{A_{V,N}}$ auf $A_{V,N} := \{ a \in A_V : |a| = N \}$ $(N \in \mathbb{Z}_+)$
heißen Korrelationsfunktionen <u>N-ter Ordnung</u> .

Die Nützlichkeit der Korrelationsfunktionen beruht darauf, daß sie ein Gleichungssystem erfüllen, das den bekannten KIRKWOOD-SALSBURG'schen Gleichungen (vgl. RUELLE [R 1])
entspricht und mit dessen Hilfe man ihre Konvergenz im thermodynamischen Limes beweisen kann. Zur Herleitung dieses
Gleichungssystems betrachte folgende Mengengleichung: Für
$a \in A^*$, $g \in a$ setze $a_g := a \smallsetminus \{g\}$. Dann besteht die Identität

$$B_{a,g} := \{ b \in A_V : a_g \subset b; h \in b \smallsetminus a_g \Rightarrow h \ll g \text{ oder } h \perp g \} =$$

$$= \{b \in A_V: a_g \subset b\} \smallsetminus \left[\bigcup_{\substack{h \in G_V \\ h \times g}}\{b \in A_V: a_g \cup \{h\} \subset b\} \cup \bigcup_{\substack{k \in G_V \\ g \ll k}}\{b \in A_V: a_g \cup \{k\} \subset b\} \right] .$$

Dabei sind alle durch h $(h \times g)$ und k $(g \ll k)$ bestimmten
Ereignisse untereinander disjunkt mit Ausnahme je zweier
durch h_1 bzw. h_2 $(h_1, h_2 \times g)$ bestimmter Ereignisse mit

$h_1 \perp h_2$. Daher erhalten wir aus einer bekannten Formel der Wahrscheinlichkeitstheorie (vgl. FELLER: An Introduction into Probability Theory and its Applications vol.I p.89)

$$p_V(B_{a,g}) = k_V(a_g) + \sum_{n \in \mathbb{N}} (-1)^n \sum_{b \in A_{V,n}, b \times g} k_V(a_g \cup b)$$

$$- \sum_{k \in G_V, g \ll k} k_V(a_g \cup \{k\}) \qquad . \qquad (2)$$

Wegen $p_V(a) > 0$ $(a \in A_V)$ existiert

$$d'(g) := \frac{p_V(B_{a,g})}{k_V(a)} = \frac{\left(\sum_{b \supset a_g, b \perp g} \prod_{h \in b} z_h^+ \right) \left(\sum_{b \ll g} \prod_{h \in b} z_h^+ \right)}{\sum_{b \supset a} \prod_{h \in b} z_h^+} \quad ,$$

und da die Abbildung $b \to b_g$ von der Menge $\{b \in A_V: b \supset a\}$ auf die Menge $\{b \in A_V: b \supset a_g , b \perp g\}$ bijektiv ist, folgt weiter

$$d'(g) = z_g^{+^{-1}} \sum_{b \ll g} \prod_{h \in b} z_h^+ = z_g^{+^{-1}} z_g^- \quad , \text{ wobei}$$

$z_g^- = z_g^-(\mu, \beta)$ die Zustandssumme über $\phi_g(C_g^+)$ bezeichnet (ϕ_g sei wie in 4.3 definiert). $d'(g)$ hängt also nur von g ab und ist stets positiv. Setzen wir nun also

$$d(g) = d(g; \mu, \beta) := z_g^-(\mu, \beta)^{-1} z_g^+(\mu, \beta) \quad , \text{ so folgt aus } (2)$$

das <u>Korrelationsgleichungssystem</u>

$$k_V(a) = d(g) \left[\sum_{n=0}^{\infty} (-1)^n \sum_{\substack{b \in A_{V,N} \\ b \times g}} k_V(a_g \cup b) - \sum_{\substack{h \in G_V \\ g \ll h}} k_V(a_g \cup \{h\}) \right]$$

$$(3)$$

$$(a \in A_V , g \in a) \quad .$$

6.2   Der weitere Gedankengang wird nach folgendem logischen Schema verlaufen: Zunächst zeigen wir, daß eine Abschätzung der Gestalt

$$d(g; \hat{\mu}(I_\beta), \beta) \leq y(\beta)^g \quad (g \in G) \text{ mit } y(\beta) \searrow 0 \ (\beta \nearrow \infty)$$

erfüllt ist. Unter der Hypothese

$$d(g) \leq y^g \quad (g \in G) \text{ für ein hinreichend kleines } y \quad (1)$$

zeigen wir dann die Konvergenz der Korrelationsfunktionen
im thermodynamischen Limes, untersuchen die Konvergenz-
geschwindigkeit und kommen so schließlich zu gewissen Ab-
schätzungen für $\frac{\partial}{\partial\mu}\log Z_V$, mit deren Hilfe wir die Hypothese (1) nachträglich auch für $\mu < \hat{u}$ verifizieren können und somit die Gültigkeit der aus (1) resultierenden
Ergebnisse für alle $\mu \leqq \hat{\mu}$. Wir beginnen nun mit der ge-
nauen Überlegung.

Aus der Definition von $d(g)$, Lemma 4.2 und Gleichung
4.3 (1) folgt sofort

LEMMA 1: Stets gilt $d(g;\hat{\mu}(I_\beta),\beta) \leqq \exp[-\frac{\beta}{2}\,g]_\beta$,
d.h. die Hypothese (1) ist mit $y = y(\hat{\mu},\beta) := e^{-\frac{\beta}{2}}$ für
$\mu = \hat{\mu}$ erfüllt.

Ist $a \in A_V$ und $x \in \mathbb{R}$, so setze $x_a := \prod_{g \in a} x^g$.

LEMMA 2: $d(g) \leqq y^g$ $(g \in G_V)$ $\Rightarrow$ $k_V(a) \leqq y_a$ $(a \in A_V)$.
BEWEIS durch vollständige Induktion über $|a|$:
1. Ist $a = \{g\}$, so folgt $k_V(\{g\}) = d(g)\,p_V(\,B_{\{g\},g})\ \leqq$
$\leqq d(g) \leqq y^g = y_{\{g\}}$.
2. Für $|a| = N-1$ sei die Behauptung richtig. Ist nun $a \in A_{V,N}$,
so implizieren die Korrelationsgleichungen für $g \in a$
$$k_V(a) = d(g)\left[\,k_V(a_g) - p_V(\,\{b \in A_V : a_g \subset b\}\smallsetminus B_{a,g}\,)\right] \leqq$$
$$\leqq d(g)\,k_V(a_g) \leqq y^g\,y_{a_g} = y_a \ . \qquad\qquad \text{QED.}$$

In Analogie zu 6.1 (3) bilden wir nun folgendes
Gleichungssystem, welches wir <u>Limeskorrelationsgleichungs-
system</u> nennen wollen. Setze $A_N := \bigcup_{V \in \mathcal{V}} A_{V,N}$. Dann be-

trachte für $a \in A^{*}$ und $g \in a$ das System

$$k(a) = d(g)\left[\,\sum_{n=0}^{\infty}(-1)^n \sum_{b \in A_n,\,b \times g} k(a_g \cup b) - \sum_{h \in G,\,g \ll h} k(a_g \cup \{h\})\right].$$

$$(2)$$

Wir werden zeigen, daß das System (2) unter der Voraus-

setzung (1) genau eine Lösung besitzt, welche die Ungleichung $k(a) \leq z_a$ (a$\in$A) für ein z erfüllt, das ein
wenig größer ist als y , und daß diese Lösung k der thermodynamische Limes der k_V ist.

6.3 Dieser Abschnitt ist der Frage nach der eindeutigen Lösbarkeit des Systems 6.2 (2) gewidmet.

Zu z $\in$]0,1[betrachte den Raum F_z aller Funktionen
f auf A mit f($\emptyset$) = 1 und

$$\| f \|_z := \sup_{a \in A} \left[\, |f(a)| \, z_a^{-1} \, \right] < \infty \quad .$$

F_z ist mit der Norm $\| \cdot \|_z$ ein Banachraum.

Wir zeichnen nun in jedem a $\in$ A* eine Kurve $g_a \in$ a aus,
etwa die, welche bei einer lexikographischen Ordnung von
T' den Punkt enthält, der unter allen Punkten von $\bigcup_{g \in a} g$
am kleinsten ist. Setze a' := a$\setminus\{g_a\}$. Wir definieren nun
einen linearen Operator L auf F_z durch

$$(Lf)(a) := d(g)\left[\sum_{n=1}^{\infty} (-1)^n \sum_{b \in A_n, b \times g} f(b) - \sum_{h \in G, g \ll h} f(\{h\}) \right]$$

$$\text{für} \quad a = \{g\} \, , \text{ und}$$

$$(Lf)(a) := d(g_a)\left[\sum_{n=0}^{\infty} (-1)^n \sum_{\substack{b \in A_n \\ b \times g_a}} f(a' \cup b) - \sum_{\substack{h \in G \\ g_a \ll h}} f(a' \cup \{h\}) \right] \quad \text{für } |a| > 1 \; .$$

Dabei halten wir uns an die Vereinbarung f(a) = 0 (a$\notin$A) .

Setzen wir nun noch $d(a) := \begin{cases} d(g) & a = \{g\} \\ 0 & |a| > 1 \end{cases}$ für , so ist

d $\in$ F_z (z > y), sobald wir die Ungleichung d(g)$\leq y^g$ als erfüllt ansehen. Das System 6.2 (2) läßt sich nun in der
Gestalt

$$k \; = \; d + Lk \qquad\qquad\qquad (1)$$

schreiben. Zum Beweis der Existenz genau einer Lösung k
von (1) in F_z genügt zu zeigen, daß der Operator L die

Norm $\| \cdot \|_z$ kontrahiert. Hieraus ergibt sich dann auch die Relation $L(F_z) \subset F_z$.

Den ersten Schritt in dieser Richtung tun wir mit folgendem

LEMMA :   Sei $z \in]0,\frac{1}{3}[$ und $\underline{z} := 3z$. Dann gilt für alle $f \in F_z$ und alle $a \in A^*$

$$(1) \quad \Big| \sum_{n=0}^{\infty} (-1)^n \sum_{b \in A_n, b \times g_a} f(a' \cup b) \Big| \leq \| f \|_z \; z_{a'} \, (1-\underline{z})^{-g_a}$$

$$(2) \quad \Big| \sum_{h \in G, g_a \ll h} f(a' \cup \{h\}) \Big| \leq \| f \|_z \; z_{a'} \; \underline{z} \, (1-\underline{z})^{-2} \; .$$

BEWEIS: Unter Beachtung von 4.3 Lemma 2 erhalten wir

$$1. \quad \sum_{n=0}^{\infty} \sum_{b \in A_n, b \times g_a} | f(a' \cup b) | \leq \| f \|_z \sum_{n=0}^{\infty} \sum_{b \in A_n, b \times g_a} z_{a' \cup b}$$

$$\leq \| f \|_z \; z_{a'} \sum_{n=0}^{\infty} \binom{g_a}{n} \Big[\sum_{k=1}^{\infty} 3^k z^k \Big]^n \quad =$$

$$= \| f \|_z \; z_{a'} \sum_{n=0}^{\infty} \binom{g_a}{n} \Big[\frac{\underline{z}}{1-\underline{z}} \Big]^n = \| f \|_z \; z_{a'} \; \Big(\frac{1}{1-\underline{z}} \Big)^{g_a}$$

$$2. \quad \sum_{h \in G, g_a \ll h} | f(a' \cup \{h\}) | \leq \| f \|_z \; z_{a'} \sum_{k=1}^{\infty} k \, 3^k z^k \quad =$$

$$= \| f \|_z \; z_{a'} \; \underline{z} \, (1-\underline{z})^{-2} \; . \qquad\qquad \text{QED.}$$

SATZ :   Die Hypothese 6.2 (1) sei mit solch kleinem y richtig , daß eine reelle Zahl $z \in]y,\frac{1}{3}[$ existiert mit

$$\alpha = \alpha(y,z) := \frac{y(1+\underline{z})}{z(1-\underline{z})} < 1 \quad . \text{ Dann ist}$$

$$\| L \|^z := \sup_{f \in F_z} \frac{\| Lf \|_z}{\| f \|_z} \leq \alpha \quad .$$

BEWEIS: Sei $f \in F_z$ und $a \in A$. Dann entnimmt man dem Lemma sofort die Abschätzungen

$$| (Lf)(a) | \leq \| f \|_z \; y^{g_a} z_{a'} \Big[(1-\underline{z})^{-g_a} + \underline{z}(1-\underline{z})^{-2} \Big] \quad =$$

$$= \|f\|_z \, z_a \, \left(\frac{y}{z(1-\underline{z})}\right)^{g_a} (1 + \underline{z}(1-\underline{z})^{g_a-2}) \leq \propto \|f\|_z \, z_a \cdot \text{QED.}$$

BEMERKUNG: Zu jedem $y \leq \frac{1}{36}$ existiert ein kleinstes $z = z(y)$ mit $\propto(y,z) \leq \frac{1}{2}$, und zwar ist
$2y \leq z(y) \leq \frac{1}{6}$ und $\lim_{y \to 0} z(y) = 0$.

Wir wollen sagen, das Paar (y,z) sei _regulär_ , wenn
$y \leq \frac{1}{36}$, die Ungleichung 6.2 (1) für y erfüllt und $z = z(y)$
ist.

COROLLAR: Ist (y,z) regulär, so besitzt das Gleichungssystem (1) genau eine Lösung $k = k_T$ in F_z . k hat die Ge-
stalt $k = \sum_{n=0}^{\infty} L^n d$, und es gilt $\|k\|_z < 1$.

k heißt _Limeskorrelationsfunktion_ (zu y) .

BEWEIS: Wir brauchen nur auf die Ungleichungen
$$\|k\|_z \leq \frac{\|d\|_z}{1-\propto} \, , \, \|d\|_z \leq \frac{y}{z} < \propto \quad \text{und} \quad \propto \leq \frac{1}{2} \quad \text{aufmerksam}$$
zu machen.   QED.

6.4 Wir untersuchen nun die Konvergenz der Korrelationsfunktionen k_V gegen k . Auf A betrachte die Funktionen
$$1_V(a) := \begin{cases} 1 \\ 0 \end{cases} , \text{ falls } \begin{array}{l} a \in A_V \\ a \in A \smallsetminus A_V \end{array} \quad (V \in \mathbb{10})$$
und auf F_z den Operator $\underline{1}_V$, der definiert ist durch
$$\underline{1}_V f (a) := 1_V(a) f(a) \quad (a \in A) .$$
Offensichtlich ist $\|\underline{1}_V\|^z \leq 1$ $(V \in \mathbb{10})$.

Das System 6.1 (3) kann nun in der Form
$$k_V = \underline{1}_V d + \underline{1}_V L \underline{1}_V k_V \tag{1}$$
geschrieben werden. Ist (y,z) regulär, so ist
$\|\underline{1}_V L \underline{1}_V\|^z \leq \frac{1}{2}$, und daher besitzt das System (1)
für alle $V \in \mathbb{10}$ genau eine Lösung in F_z , die wegen 6.2
Lemma 2 mit k_V übereinstimmt und wegen $k_V = \underline{1}_V k_V$ die

Gleichung

$$k_V = \underline{1}_V \, d + \underline{1}_V \, L \, k_V \qquad\qquad (2)$$

erfüllt. Unser Ziel ist jetzt eine Abschätzung für die Differenz $|\,k_V(a) - \underline{1}_V \, k\,(a)\,|$ $(a \in A)$.

Sind $s, t \in T \cup T'$, so ist durch

$$|s,t| := |s^1 - t^1| + |s^2 - t^2|$$

ein Abstand für sie definiert. Setze ferner für $X, Y \subset T \cup T'$ und $a, b \in A^*$ $\quad |X,Y| := \min_{s \in X, t \in Y} |s,t|, \quad |a,X| := \min_{g \in a} |g,X|$

und $|a,b| := \min\limits_{g \in b} |a,g|$.

LEMMA 1: Es gibt ein $y_0 > 0$ und ein $u < 1$ derart, daß alle regulären Paare (y,z) mit $y \leqslant y_0$ folgende Eigenschaft besitzen: Erfüllt $f \in F_z$ für eine Menge $X \subset T$ die Abschätzung

$$|\,f(a)\,| \leqslant D \, z_a \, \underline{z}^{\,|a,X|} \quad (a \in A^*)$$

mit einer Konstanten D , so ist auch die Ungleichung

$$|Lf(a)| \leqslant u \, D \, z_a \, \underline{z}^{\,|a,X|} \quad (a \in A^*)$$

gültig.

BEWEIS: Wir gliedern den Beweis in mehrere Schritte. Sei $a \in A^*$ beliebig vorgegeben.

1. Es ist $\displaystyle\sum_{n=0}^{\infty} \sum_{b \in A_n,\, b \times g_a,\, |b,X| \geqslant |a,X|} z_b \, \underline{z}^{\,|a' \cup b,X|} \leqslant \underline{z}^{\,|a,X|} (1-\underline{z})^{-g_a}.$

Denn für $|b,X| \geqslant |a,X|$ ist $\underline{z}^{\,|a' \cup b,X|} \leqslant \underline{z}^{\,|a,X|}$, und der Rest ergibt sich wie im Beweis von Lemma 6.3 .

2. Weiter gilt für $0 \leqslant l \leqslant |a,X| - 1$ und $n \in \mathbb{N}$

$$\sum_{b \in A_n,\, b \times g_a,\, |b,X| = l} z_b \leqslant n \binom{g_a}{n} \underline{z}^{\,n-1+2(|g_a,X|-1)} (1-\underline{z})^{-n} .$$

Denn ist $b \in A_n$ mit $|b,X| = l < |a,X|$ und $b \times g_a$, so gibt es eine Kurve $h \in b$ mit $|h,X| = l$ und also $h \geqslant 2(|g_a,X|-1)$. Also besitzt die betrachtete Summe die Majorante

$$n \binom{g_a}{n} \left[\sum_{k \in \mathbb{N}} \underline{z}^k \right]^{n-1} \sum_{k \geq 2(|g_a,X|-1)} \underline{z}^k \quad , \text{ und hieraus}$$

folgt die Behauptung durch Berechnung der auftretenden

Reihen.

3. Aus 2. erhält man durch eine kurze Rechnung

$$\sum_{n=1}^{\infty} \sum_{l=0}^{|a,X|-1} \underline{z}^l \sum_{\substack{b \in A_n, b \times g_a \\ |b,X| = 1}} z_b \leq \underline{z}^{|g_a,X|} g_a (1-\underline{z})^{-g_a-1}$$

und also zusammen mit dem Ergebnis aus 1.

$$\sum_{n=0}^{\infty} \sum_{b \in A_n, b \times g_a} z_b \, \underline{z}^{|a' \cup b,X|} \leq \underline{z}^{|a,X|}(1+g_a) (1-\underline{z})^{-g_a-1} \quad .$$

4. Wir wenden uns jetzt der Summe über alle $h \in G$ mit

$g_a \ll h$ zu. Als erste Abschätzung erhalten wir wie im

Beweis von Lemma 6.3

$$\sum_{h \in G, g_a \ll h, |h,X| \geq |a,X|} z^h \, \underline{z}^{|a' \cup \{h\},X|} \leq \underline{z}^{|a,X|} \, \underline{z}(1-\underline{z})^{-2} \quad .$$

5. Für alle $h \in G$ sei $t(h) \in h$ der in lexikographischer

Ordnung kleinste Punkt von h mit $|t(h),X| = |h,X|$. Ist

ferner $g \in G$ und $k \in \mathbb{N}$, so gibt es höchstens $(g+4k)$ Punkte

$t \in T'$ mit $|g,t| = k$, die außerhalb von g liegen, und

für $g \geq 4$ ist $g+4k \leq g(k+2)$. Diese Tatsachen impli-

zieren die Abschätzungen

$$\sum_{l=0}^{|a,X|-1} \underline{z}^l \sum_{\substack{h \in G, g_a \ll h \\ |h,X| = 1}} z^h \leq \sum_{l=0}^{|a,X|-1} \underline{z}^l \sum_{k > |g_a,X|-1} \sum_{\substack{t \in T' \\ |g_a,t|=k \\ t \text{ außerhalb } g_a}} \sum_{\substack{h \in G \\ t(h)=t}} z^h$$

$$\leq \sum_{l} \underline{z}^l \sum_{k} \sum_{t} \sum_{m > 2|g_a,t| = 2k} z^m \leq$$

$$\leq \frac{g_a}{1 - \underline{z}} \sum_{1+k > |g_a,X|} (k+2) \, \underline{z}^{2k+1} \quad \leq$$

$$\leq \frac{g_a}{1 - \underline{z}} \sum_{k=1}^{\infty} (k+2) \, \underline{z}^k \sum_{j > |g_a,X|} \underline{z}^j \leq 2 \, g_a \, \underline{z}^{|g_a,X|+1} (1-\underline{z})^{-4} \quad .$$

6. Aus den Ergebnissen von 4. und 5. resultiert

$$\sum_{h \in G,\, g_a \ll h} z^h\, \underline{z}^{|a' \cup \{h\}, X|} \leq \underline{z}^{|a, X|} \left[\underline{z}(1-\underline{z})^{-2} + 2 g_a \underline{z}(1-\underline{z})^{-4} \right].$$

7. Aus den in 3. und 6. gewonnenen Ungleichungen ergibt sich die Behauptung des Lemma nun folgendermaßen:

$$|Lf(a)| \leq d(g_a) \left[\sum_{n=0}^{\infty} \sum_{\substack{b \in A_n \\ b \times g_a^n}} D\, z_{a' \cup b}\, \underline{z}^{|a' \cup b, X|} + \sum_{\substack{h \in G \\ g_a \ll h}} D\, z_{a' \cup \{h\}}\, \underline{z}^{|a' \cup \{h\}, X|} \right]$$

$$\leq D\, z_a\, \underline{z}^{|a, X|} \left(\tfrac{y}{z}\right)^{g_a} \left[(1+g_a)(1-\underline{z})^{-g_a-1} + (1+2g_a(1-\underline{z})^{-2})\underline{z}(1-\underline{z})^{-2} \right].$$

Nun existiert aber ein $y_0 > 0$ derart, daß für alle $y < y_0$ die Ungleichung $\quad u := \sup_{g_a} \left(\tfrac{y}{z}\right)^{g_a} [\ldots] < 1 \quad$ besteht.

QED.

<u>BEMERKUNG</u>: Wegen $|\,1_V L f(a)| \leq |Lf(a)|$ $(a \in A^*,\ f \in F_z)$ ist Lemma 1 für die Operatoren $1_V L$ $(V \in \mathcal{V})$ erst recht gültig.

<u>LEMMA 2</u>: Seien $W \in \mathcal{V} \cup \{T\}$ und $V \in \mathcal{V}$ mit $V \subset W$. Setze $\partial T := \emptyset$, $\partial(V,W) := \partial V \setminus \partial W$ und $\delta_{V,W} := 1_V k_W - k_V$. Für alle regulären Paare (y,z) mit $y \leq y_0$ ist dann

$$|\delta_{V,W}(a)| < D\, z_a\, \underline{z}^{|a, \partial(V,W)|} \quad (a \in A^*)$$

mit einer von V und W unabhängigen Konstanten $D > 0$.

BEWEIS: 1. Gleichung 6.3 (1) bzw. 6.4 (2) implizieren die Gültigkeit der Gleichung

$$1_V k_W = 1_V d + 1_V L k_W$$

$$= 1_V d + 1_V L\, 1_V k_W + 1_V L (k_W - 1_V k_W).$$

Hieraus und aus 6.4 (2) folgt die Gleichung

$$\delta_{V,W} = \eta + 1_V L\, \delta_{V,W},$$

wobei wir $\eta := 1_V L (k_W - 1_V k_W)$ gesetzt haben.

2. Wir interessieren uns nun für eine Abschätzung von $|\eta(a)|$. Für $a \in A_V$ folgt aus 1.

$$\eta(a) = d(g_a)\left[\sum_{n=1}^{\infty}(-1)^n \sum_{\substack{b\in A_{W,n}\setminus A_{V,n}\\ b\times g_a}} k_W(a'\cup b) - \sum_{\substack{h\in G_W\setminus G_V\\ g_a\ll h}} k_W(a'\setminus\{h\})\right].$$

Dies hat nach 6.2 Lemma 2 und Corollar 6.3 die Ungleichung

$$|\eta(a)| \leq y^{g_a}\, z_{a'}\left[\sum_{n=1}^{\infty} \sum_{\substack{b\in A_{W,n}\setminus A_{V,n}\\ b\times g_a}} z_b + \sum_{\substack{h\in G_W\setminus G_V\\ g_a\ll h}} z^h\right]$$

zur Folge.

3. Ist $b\in A_{W,n}\setminus A_{V,n}$ mit $b\times g_a$, so existiert ein $h\in b$ mit $V(h)\cap\partial(V,W)\neq\emptyset$ und also $h\geq 2\,|g_a,\partial(V,W)|$. Hieraus erhält man mit der gleichen Rechnung wie in Abschnitt 2. und 3. vom Beweis von Lemma 1 die Ungleichung

$$\sum_{n=1}^{\infty}\sum_{\substack{b\in A_{W,n}\setminus A_{V,n},\, b\times g_a}} z_b \;\leq\; \underline{z}^{\,|g_a,\partial(V,W)|}\, g_a\,(1-\underline{z})^{-g_a} .$$

4. Ist $h\in G_W\setminus G_V$ mit $g_a\ll h$ und l eine achsenparallele Halbgerade in T', die von einem Punkt $s+(\tfrac{1}{2},\tfrac{1}{2})$ $(s\in V(g_a))$ ausgeht, so schneidet h die Halbgerade l in einem Punkt $t\in l$. Andrerseits gilt $V(h)\cap\partial(V,W)\neq\emptyset$. Hieraus erhalten wir die Bedingung $h\geq 2\,\max\left[\,|g_a,\partial(V,W)|\,,|g_a,t|\,\right]$ und also die Ungleichungen

$$\sum_{\substack{h\in G_W\setminus G_V\\ g_a\ll h}} z^h \;\leq\; |g_a,\partial(V,W)|\sum_{k\geq|g_a,\partial(V,W)|}\underline{z}^{\,2k} \;+$$

$$+ \sum_{\substack{t\in l\\ |g_a,t|\geq|g_a,\partial(V,W)|}}\ \sum_{k\geq|g_a,t|}\underline{z}^{\,2k}$$

$$= |g_a,\partial(V,W)|\,(1-\underline{z}^2)^{-1}\,\underline{z}^{\,2|g_a,\partial(V,W)|} + (1-\underline{z}^2)^{-2}\,\underline{z}^{\,2|g_a,\partial(V,W)|}$$

$$\leq \underline{z}^{\,|g_a,\partial(V,W)|}\,\underline{z}(1-\underline{z}^2)^{-1}(1+(1-\underline{z}^2)^{-1}) \leq 2\underline{z}(1-\underline{z})^{-2}\,\underline{z}^{\,|g_a,\partial(V,W)|}$$

für $\underline{z}\leq\tfrac{1}{2}$.

5. Bauen wir die in 2.,3. und 4. erhaltenen Ungleichungen zusammen, so bekommen wir die Abschätzung

$$|\eta(a)| \leq z_a \, \underline{z}^{|a,\partial(V,W)|} \left[g_a \left(\frac{y}{z(1-\underline{z})}\right)^{g_a} + \frac{2 \, \underline{z}}{(1-\underline{z})^2}\right] \leq$$

$$\leq 3 \, z_a \, \underline{z}^{|a,\partial(V,W)|} \quad \text{für jedes reguläre Paar}$$

(y,z) .

6. Die in 1. hergeleitete Gleichung liefert uns nun end-

lich die Identität $\quad \delta_{V,W} = \sum\limits_{n=0}^{\infty} (\underline{1}_V L)^n \, \eta$.

Die iterierte Anwendung von Lemma 1 (und der anschlie-

ßenden Bemerkung) auf die unter 5. niedergeschriebene

Ungleichung führt uns daher zu der Abschätzung

$$|\delta_{V,W}(a)| \leq \sum\limits_{n=0}^{\infty} u^n \, 3 \, z_a \, \underline{z}^{|a,\partial(V,W)|} = \frac{3}{1-u} \, z_a \, \underline{z}^{|a,\partial(V,W)|},$$

und damit ist das Lemma bewiesen.   QED.

<u>SATZ</u>: Ist für ein Paar (μ,β) die Ungleichung

$d(g;\mu,\beta) \leq y^\beta \; (g \in G)$ mit hinreichend kleinem $y = y(\mu,\beta)$

erfüllt, so existiert punktweise der thermodynamische

Limes $\quad \lim\limits_{V \nearrow T} k_V^{\mu,\beta} = k^{\mu,\beta}$.

Dabei ist $k^{\mu,\beta}$ die Limeskorrelationsfunktion zu $y(\mu,\beta)$.

Ferner ist $k = k^{\mu,\beta}$ translationsinvariant in folgendem

Sinn: Bezeichnet S_t die Translation des Gitters $T \cup T'$ um

den Vektor $t \in T$ und ist $S_t a := \{ S_t g : g \in a \}$, so gilt

$k(a) = k(S_t a) \; (t \in T, a \in A)$. Schließlich ist

$$0 \leq k(a) \leq y_a \quad (a \in A) .$$

BEWEIS: Setze $z = z(y)$ und $W = T$. Lemma 2 impliziert

dann die Ungleichung $\quad |k_V(a) - k(a)| \leq D \, \underline{z}^{|a,\partial V|}$ und

also die erste Behauptung $\lim\limits_{V \nearrow T} k_V(a) = k(a) \; (a \in A)$.

Der Rest folgt aus der Beziehung $k_V(a) = k_{S_t V}(S_t a)$

und 6.2 Lemma 2 .   QED.

Lemma 2 liefert uns nun noch eine Mischungseigen-
schaft. Ist $V \in \mathcal{V}$, so sind durch

$$k_V(a/b) \; := \; \frac{k_V(a \cup b)}{k_V(b)} \qquad (a,b \in A_V, \; a \perp b)$$

__bedingte Korrelationsfunktionen__ definiert. Für diese gilt

__LEMMA 3__: Sei (y,z) regulär und y hinreichend klein.
Dann existiert eine Konstante $D > 0$ derart, daß für alle
$V \in \mathcal{V}$ und alle $a,b \in A_V^*$ mit $a \perp b$ die Ungleichung

$$| \, k_V(a/b) - k_V(a) \, | \; \leq \; D \, z_a \, \underline{z}^{\,|a,b|}$$

richtig ist.

BEWEIS: Setze $V(b) := \bigcup_{h \in b} V(h) \quad (b \in A_V)$. Dann erhält man aus den Definitionsgleichungen für k_V sofort
die Identität $k_V(a/b) = k_{V \setminus V(b)}(a) \quad (a,b \in A_V, \; a \perp b)$.
Nun ist aber stets $|a,b| < |a, \partial(V \setminus V(b), V)| \quad (a,b \in A_V^*, a \perp b)$.
Daher folgt aus Lemma 2 die Ungleichung $| \, k_V(a) - k_{V \setminus V(b)}(a) | <$
$< D \, z_a \, \underline{z}^{\,|a,b|}$ und somit die Behauptung. $\qquad$ QED.

6.5 Ist T' mit der lexikographischen Ordnung versehen, so können wir in jeder Kurve $g \in G$ einen kleinsten
Punkt $s(g)$ unter allen $s \in V(g)$ auszeichnen. Statt $k(\{g\})$
schreiben wir einfacher $k(g) \; (g \in G)$. Wir betrachten nun
für festes $s \in T$ den Ausdruck

$$\sum_{g \in G, \, s(g)=s} k(g) \, \frac{\partial}{\partial \mu} \log Z_g^+ \quad .$$

Wegen der Translationsinvarianz von k und $Z_{\cdot}^+$ ist diese
Reihe offenbar unabhängig von der Wahl des Punktes s.
Aus den Kurvenbüscheln $\{g \in G : s(g) = s\} \quad (s \in T)$ können wir
also irgendeines, etwa $\tilde{G}$, herausgreifen und definieren

$$r(\mu,\beta) \; := \; \sum_{g \in \tilde{G}} k^{\mu,\beta}(g) \, \frac{\partial}{\partial \mu} \log Z_g^+(\mu,\beta) \quad .$$

Es ist $0 \leq \frac{\partial}{\partial \mu} \log Z_g^+(\mu,\beta) \leq |V(g)| \leq g^2$, also kon-vergiert die Reihe, und es gilt

$$0 \leq r(\mu,\beta) \leq \sum_{n=1}^{\infty} n^2 \, \underline{z}(y(\mu,\beta))^n =: R(\mu,\beta) \ .$$

Aus 6.2 Lemma 1 erhalten wir noch die Beziehung $R(\hat{\mu}(I_\beta),\beta) \to 0 \ (\beta \to \infty)$ und also

$$r(\hat{\mu}(I_\beta),\beta) \to 0 \quad (\ \beta \to \infty\ ) \quad . \qquad\qquad (\ 1\ )$$

Zum besseren Verständnis sei jetzt schon angemerkt, daß wir später die Identität

$$r(\mu,\beta) = \varrho_-(\mu,I_\beta) \quad (\ \mu \leq \hat{\mu}(I_\beta),\ \beta \text{ hinreichend groß }\ )$$

werden beweisen können. Einen ersten Schritt in dieser Richtung tun wir mit

<u>LEMMA 1</u>: Ist für ein Paar (μ,β) die Ungleichung $d(g;\mu,\beta) \leq y^g \ (g \in G)$ mit hinreichend kleinem $y = y(\mu,\beta)$ erfüllt, so gibt es eine Konstante $D > 0$ derart, daß bei beliebigem, einfach zusammenhängendem Volumen $V \in \mathcal{V}$ die Differenz

$$\Delta_V(\mu,\beta) := \frac{\partial}{\partial \mu} \log Z_V(\mu,\beta) - |V| r(\mu,\beta)$$

der Abschätzung

$$|\Delta_V(\mu,\beta)| \leq |\partial V| \ (\ 1 + \frac{D}{1 - \underline{z}(y)}\ )\ R(\mu,\beta)$$

genügt.

Zuvor beweisen wir noch

<u>LEMMA 2</u>: Für alle (μ,β) und alle einfach zusammen-hängenden Volumina $V \in \mathcal{V}$ ist

$$E_{V/0}^{\mu,I_\beta} (\ N(.,V)\ ) = \frac{\partial}{\partial \mu} \log Z_V(\mu,\beta) = \sum_{g \in G_V} k_V(g) \frac{\partial}{\partial \mu} \log Z_g^+(\mu,\beta)\ .$$

BEWEIS: Die erste Gleichung ist uns bereits aus 3.1 Gleichung (1) bekannt. Die zweite erhält man auf fol-gende Weise: $\frac{\partial}{\partial \mu} \log Z_V = Z_V^{-1} \frac{\partial}{\partial \mu} \sum_{a \in A_V} \prod_{g \in a} Z_g^+ \ =$

$$= Z_V^{-1} \sum_{a \in A_V} \prod_{h \in a} z_h^+ \sum_{g \in a} (z_g^+)^{-1} \frac{\partial}{\partial \mu} z_g^+ =$$

$$= Z_V^{-1} \sum_{g \in G_V} \frac{\partial}{\partial \mu} \log z_g^+ \sum_{a \in A_V, g \in a} \prod_{h \in a} z_h^+ =$$

$$= \sum_{g \in G_V} k_V(g) \frac{\partial}{\partial \mu} \log z_g^+ \ . \qquad\qquad \text{QED.}$$

BEWEIS von Lemma 1 :   1. Aus Lemma 2 ergibt sich die

Identität $\quad \frac{\partial}{\partial \mu} \log Z_V = \sum_{s \in V} \sum_{g \in G_V, s(g)=s} k_V(g) \frac{\partial}{\partial \mu} \log z_g^+ =$

$$= \sum_{\substack{s \in V \\ g \in G \\ s(g)=s}} k(g) \frac{\partial}{\partial \mu} \log z_g^+ - \sum_{\substack{s \in V \\ g \in G, s(g)=s \\ V(g) \cap \partial V \neq \emptyset}} k(g) \frac{\partial}{\partial \mu} \log z_g^+ +$$

$$+ \sum_{g \in G_V} [k_V(g) - k(g)] \frac{\partial}{\partial \mu} \log z_g^+ =: S_1 - S_2 + S_3 \ .$$

Wir betrachten jeden Term einzeln.

2. Nach den Bemerkungen zu Beginn von 6.5 ist $\ S_1 =$

$$\sum_{s \in V} r(\mu, \beta) \ = \ |V| \ r(\mu, \beta) \ \ .$$

3. Für die zweite Summe erhalten wir nach 4.3 Lemma 2

$$S_2 \leq \sum_{t \in \partial V} \sum_{g \in G, t \in V(g)} k(g) \frac{\partial}{\partial \mu} \log z_g^+ \leq$$

$$\leq |\partial V| \sum_{n \in \mathbb{N}} n \ (3y)^n \ n^2 \leq |\partial V| \sum_{n \in \mathbb{N}} \underline{z}(y)^n n^2 = |\partial V| \ R(\mu, \beta) \ .$$

4. Ist $g \in G_V$, so sei $t(g)$ der kleinste Punkt in $V(g)$ mit

$|t(g), \partial V| = |V(g), \partial V| \geq 1$. Dann impliziert 6.3 Lemma 2

für beliebiges $t \in V$

$$\Big| \sum_{g \in G_V, t(g)=t} [k_V(g) - k(g)] \frac{\partial}{\partial \mu} \log z_g^+ \Big| \leq$$

$$\leq D \ \underline{z}^{|t, \partial V| - 1} \sum_{n=1}^{\infty} \underline{z}^n \ n^2 \ = \ D \ R(\mu, \beta) \ \underline{z}^{|t, \partial V| - 1}$$

und also $\ |S_3| \leq D \ R(\mu, \beta) \sum_{t \in V} \underline{z}^{|t, \partial V| - 1} \leq$

$$\leq D \ R(\mu, \beta) \ |\partial V| \sum_{n=0}^{\infty} \underline{z}^n \ = \ |\partial V| \ R(\mu, \beta) \ \frac{D}{1 - \underline{z}} \ . \qquad \text{QED.}$$

6.6 In diesem Abschnitt werden wir zeigen, daß die Hypothese 6.2 (1) für alle $\mu \leqslant \hat{\mu}$ mit beliebig kleinem y erfüllt werden kann, sofern nur ß genügend groß gemacht wird. Dazu zeigen wir folgendes

<u>LEMMA</u>: Für $(\mu,\text{ß})$ sei die Ungleichung $d(g;\mu,\text{ß}) \leqslant y^{\text{ß}}$ $(g\in G)$ mit ausreichend kleinem $y = y(\mu,\text{ß})$ erfüllt. Dann ist für alle $g \in G$

$$\frac{\partial}{\partial\mu}\, d(g;\mu,\text{ß}) > 0 \quad .$$

BEWEIS: 1. Zu $g \in G$ betrachte die Zustandssumme $Z_g^+(\mu)$ über $C_g^+ = \{c\in C_{V(g)} : G(c) = \{g\}\}$. Explizit läßt sich C_g^+ in der Form $C_g^+ = \{c\in C_{V(g)} :$ Es existiert ein $a\in A$ mit $a\ll g$, $c_{V(g)\smallsetminus V(a)} \equiv 1$, $c_{V(h)} \in C_h^- \ (h\in a)\}$ schreiben. Also gilt

$$Z_g^+(\mu) = e^{-\frac{\text{ß}}{2}g}\sum_{a\in A,\, a\ll g} \exp\Big[\bar{\mu}\,|V(g)\smallsetminus V(a)| -\frac{\text{ß}}{2}\sum_{h\in a} h\Big] \prod_{h\in a} Z_h^-(\mu)$$

$$=:\ \exp\Big[-\frac{\text{ß}}{2}g\Big]Z_g^o(\mu) \quad .$$

2. Da $Z_g^o(\mu)$ und $d(g;\mu,\text{ß})$ beide stets strikt positiv sind, genügt zu zeigen, daß $Z_g^o(\mu)\,\frac{\partial}{\partial\mu}\log d(g;\mu,\text{ß}) > 0$ ist.

Nun ist aber $Z_g^o(\mu)\,\frac{\partial}{\partial\mu}\log d(g;\mu,\text{ß}) \ =$

$$= Z_g^o\frac{\partial}{\partial\mu}\log Z_g^+ - Z_g^o\frac{\partial}{\partial\mu}\log Z_g^- \ =\frac{\partial}{\partial\mu} Z_g^o - Z_g^o\frac{\partial}{\partial\mu}\log Z_g^- \ =$$

$$= \sum_{a\in A,\, a\ll g} \Big\{|V(g)\smallsetminus V(a)| + \sum_{h\in a}\frac{\partial}{\partial\mu}\log Z_h^- -\frac{\partial}{\partial\mu}\log Z_g^-\Big\}$$

$$\exp\Big[\bar{\mu}\,|V(g)\smallsetminus V(a)| -\frac{\text{ß}}{2}\sum_{h\in a} h\Big] \prod_{h\in a} Z_h^- \quad .$$

Also genügt zu zeigen, daß die geschweifte Klammer stets strikt positiv ist.

3. Zu $g\in G$ setze $V^-(g) := V(g)\smallsetminus\{t\in V(g) :$ Es existiert ein $s\in\bar{V}(g)$ mit $\|s-t\| = 1\}$. $V^-(g)$ ist einfach zusammenhängend. Aus 6.5 Lemma 2 erhalten wir also für

$\Delta_g^- := \frac{\partial}{\partial\mu} \log Z_g^- - |V(g)| \, r(\mu,\beta)$ wegen $Z_g^- = Z_{V^-(g)}$ die Ungleichung

$$|\Delta_g^-| \leq |\Delta_{V^-(g)}| + |V(g)\setminus V^-(g)| \, r(\mu,\beta) \leq |\partial V^-(g)| \, D' \, R(\mu,\beta),$$

wobei wir $D' := 2 + D(1-\underline{z})^{-1}$ gesetzt haben.

4. Für $a \in A$ mit $a \lll g$ ist $\partial V^-(g) \cup \bigcup_{h \in a} \partial V(h) \subset V(g)\setminus V(a)$,

und je fünf Mengen aus der Vereinigung auf der linken Seite sind disjunkt. Also haben wir die Ungleichung

$$|V(g)\setminus V(a)| \geq \frac{1}{4}\left[|\partial V^-(g)| + \sum_{h \in a}|\partial V(h)|\right].$$

5. Aus dem Bisherigen folgt nun für $a \ll g$ die Abschätzung

$$\{\ldots\} = |V(g)\setminus V(a)| + \sum_{h \in a}|V(h)| \, r(\mu,\beta) + \Delta_h^- -$$
$$- |V(g)| \, r(\mu,\beta) - \Delta_g^- =$$

$$= |V(g)\setminus V(a)| \, (1 - r(\mu,\beta)) - \Delta_g^- - \sum_{h \in a}\Delta_h^- \geq$$

$$\geq \frac{1}{4}(|\partial V^-(g)| + \sum_{h \in a}|\partial V(h)|)(1 - R(\mu,\beta)) - |\partial V^-(g)| \, D' \, R(\mu,\beta) -$$
$$- \sum_{h \in a}|\partial V(h)| \, D' \, R(\mu,\beta) =$$

$$= (|\partial V^-(g)| + \sum_{h \in a}|\partial V(h)|)\left[\frac{1}{4} - R(\mu,\beta)(\frac{1}{4} + D')\right].$$

Ist nun für (μ,β) die Hypothese 6.2 (1) mit so kleinem $y = y(\mu,\beta)$ erfüllt, daß $R(\mu,\beta) < (1 + 4\,D')^{-1}$ ist, so ist der letzte Ausdruck strikt positiv.   QED.

Das Lemma erlaubt uns nun, die Hypothese 6.2 (1) und somit auch die aus ihr abgeleiteten Ergebnisse für alle $\mu \leq \hat{\mu}$ zu beweisen, sofern wir nur β genügend groß wählen.

<u>SATZ</u>: Es existiert ein $\beta_0 > 0$ derart, daß für die Parametermenge $B_0 := \left\{(\mu,\beta) \in \mathbb{R}\times\mathbb{R}_+^* : \beta > \beta_0, \; \mu \leq \hat{\mu}(I_\beta)\right\}$ folgende Aussagen richtig sind:

(a) Für alle $a \in A$ und $(\mu,\beta) \in B_0$ existiert

$$\lim_{V \nearrow T} k_V^{\mu,\beta}(a) = k^{\mu,\beta}(a) ,$$

und die Konvergenz ist auf B_0 gleichmäßig.

(b) Die Funktionen $(\mu,\beta) \to k_V^{\mu,\beta}(a)$ $(a \in A_V, V \in \mathcal{W} \setminus \{T\})$ sind auf B_0 stetig, und es gilt

$$0 \le k_V^{\mu,\beta}(a) \le \exp\left[-\frac{\beta}{2} \sum_{g \in a} g\right] \quad (a \in A_V, V \in \mathcal{W} \cup \{T\})$$

(c) Es existiert eine Konstante $D > 0$ derart, daß für alle $(\mu,\beta) \in B_0$ die Ungleichungen

$$\left| k_V^{\mu,\beta}(a) - k^{\mu,\beta}(a) \right| \le D \, z_a \, \underline{z}^{|a,\partial V|} \quad \text{und}$$

$$\left| k_V^{\mu,\beta}(a/b) - k_V^{\mu,\beta}(a) \right| \le D \, z_a \, \underline{z}^{|a,b|} \quad (a,b \in A_V, a \perp b, V \in \mathcal{W} \cup \{T\})$$

erfüllt sind. Dabei ist $z = z(\exp[-\frac{\beta}{2}^0])$.

(d) Für jede reguläre Folge $(V_j)_{j \in \mathbb{N}}$ einfach zusammenhängender Volumina $V_j \in \mathcal{W}$ existiert gleichmäßig auf B_0

$$\lim_{j \to \infty} \frac{\partial}{\partial \mu}\left[|V_j|^{-1} \log Z_{V_j}(\mu,\beta) \right] = r(\mu,\beta) , \quad \text{und}$$

$r(.,.)$ ist auf B_0 stetig.

BEWEIS: Wähle $\beta_0 > 2 \log 36$ so groß, daß $y_0 := e^{-\frac{\beta_0}{2}}$ die in den Beweisen von 6.4 Lemma 1 und Lemma 6.6 an y gestellten Forderungen erfüllt. Wegen 6.2 Lemma 1 ist dann für alle $(\hat{\mu}(I_\beta),\beta)$ mit $\beta > \beta_0$ die Voraussetzung des Lemma 6.6 erfüllt. Folglich existiert zu jedem $\beta > \beta_0$ eine linksseitige Umgebung J_β von $\hat{\mu}(I_\beta) = -2\beta$ derart, daß für alle $\mu \in J_\beta$ und alle $g \in G$ die Ungleichung $d(g;\mu,\beta) \le \exp\left[-\frac{\beta}{2} g\right] \le y_0^g$ erfüllt ist. Da wir diese Überlegung mit jedem $\mu_\beta \in J_\beta$ anstelle von $\hat{\mu}$ wiederholen können, erhalten wir die Identität $J_\beta = \,]-\infty,-2\beta]$. Aussage "(a)" des Satzes ist nun eine unmittelbare Folgerung aus Satz 6.4 und seinem Beweis, "(b)" ergibt sich aus der Stetigkeit der Funktionen $k_V^{\cdot,\cdot}(a)$ $(a \in A_V, V \in \mathcal{W})$ und (a) , "(c)" aus 6.4 Lemma 2 und "(d)" aus 6.5 Lemma 1 . QED.

§ 7
Die Ableitungen von $\chi(\,.\,,I_\beta)$

Die Resultate des § 6 setzen uns nun instand, die thermodynamischen Funktionen beim Phasenübergang zu untersuchen.

7.1 <u>SATZ</u>: Sei B_0 wie in Satz 6.6 . Dann gilt:

(a) $\dfrac{\partial^-}{\partial\mu}\chi(\mu,I_\beta) = \varrho_-(\mu,\mathbf{I_\beta}) = r(\mu,\beta)$ ($(\mu,\beta)\in B_0$)

(b) $\varrho_-(\,.\,,.\,)$ ist auf B_0 stetig (d.h. an den Stellen $(\hat\mu(I_\beta),\beta)\in B_0$ stetig bei Annäherung aus B_0) .

(c) Für jede reguläre Folge $(V_j)_{j\in\mathbb{N}}$ einfach zusammenhängender Mengen $V_j\in\mathcal{O}$ existiert gleichmäßig für alle $(\mu,\beta)\in B_0$

$$\varrho_-(\mu,I_\beta) = \lim_{j\to\infty} E_{V_j/0}^{\mu,I_\beta} \left(\frac{N(\,.\,,V_j)}{|V_j|} \right) \ .$$

BEWEIS: Auf B_0 ist $r(\,.\,,.\,)$ stetig und gleichmäßiger Limes der stetigen Funktionen $\dfrac{\partial}{\partial\mu}\left[|V|^{-1}\log Z_V(\,.\,,.\,)\right]$ ($V\in\mathcal{O}$ einfach zusammenhängend) . Aus Satz 3.2 und dem Satz von der gliedweisen Differentiation folgt daher die (an der Stelle $\hat\mu$ linksseitige) Differenzierbarkeit von $\chi(\,.\,,I_\beta)$ auf J_β und die Identität "(a)". Damit ist alles bewiesen.   QED.

Corollar 3.2 impliziert nun das uns bereits aus 3.5 bekannte

<u>COROLLAR 1</u>: Für alle $\beta > \beta_0$ ist $\chi(\,.\,,I_\beta)$ auf $\mathbb{R}\setminus\{\hat\mu(I_\beta)\}$ stetig differenzierbar, und es ist $\varrho_-(\mu,I_\beta) = \varrho_+(\mu,I_\beta)$ $(\mu\neq\hat\mu(I_\beta))$. Ist also $\beta > \beta_0$, so kann ein Phasenübergang höchstens für $\mu = \hat\mu(I_\beta)$ eintreten. (Andrerseits lehrt uns Satz 4.1, daß dies für genügend großes β tatsächlich der Fall ist.)

Dies letzte Ergebnis erhalten wir übrigens auch so:

$\underline{\text{COROLLAR 2}}$: Es gilt $\lim\limits_{\beta \to \infty} \rho_-(\hat{\mu}(I_\beta), I_\beta) = 0$,

d.h. für hinreichend großes ß findet ein Phasenüber-

gang mit Parametern $(\hat{\mu}(I_\beta), I_\beta)$ statt.

BEWEIS: Sei $\beta_0 > 0$ wie in Satz 6.6 . Dann ist für

$\beta > \beta_0$ $\rho_-(\hat{\mu}, I_\beta) = r(\hat{\mu}, \beta)$, und die Behauptung folgt aus

der Beziehung 6.5 (1) .   QED.

$\underline{\text{COROLLAR 3}}$: Sei $\beta_0 > 0$ wie in Satz 6.6 . Dann existiert

für alle $\beta > \beta_0$ und jede reguläre Folge $(V_j)_{j \in \mathbb{N}}$ einfach

zusammenhängender Volumina $V_j \in \mathcal{V}$ und alle $\mu \geq \hat{\mu}(I_\beta)$ der

Limes
$$\rho_+(\mu, I_\beta) \;=\; \lim\limits_{j \to \infty} \; E^{\mu, I_\beta}_{V_j/1} \left(\frac{N(.,V_j)}{|V_j|} \right) \;.$$

Insbesondere gilt für alle $\mu \in \mathbb{R}$ und alle $\beta > \beta_0$
$$\text{th-lim sup } E^{\mu, I_\beta}_{V/\bar{c}} \left(\frac{N(.,V)}{|V|} \right) \;=\; \rho_+(\mu, I_\beta)$$
$$\text{th-lim inf } E^{\mu, I_\beta}_{V/\bar{c}} \left(\frac{N(.,V)}{|V|} \right) \;=\; \rho_-(\mu, I_\beta) \;.$$

BEWEIS: Es ist für $\mu = \hat{\mu}$ bei Beachtung von Lemma 4.2
$$E_{V/1}\left(\frac{N(.,V)}{|V|}\right) \;=\; \sum\limits_{c \in C_V} \frac{N(c,V)}{|V|} \; q_{V/1}(c) \;=$$
$$=\; 1 - \sum\limits_{c \in C_V} \frac{N(1-c,V)}{|V|} \; \frac{\exp\left[-\frac{\beta}{2} g(c/1)\right]}{\sum\limits_{c' \in C_V} \exp\left[-\frac{\beta}{2} g(c'/1)\right]} \;=$$
$$=\; 1 - \sum\limits_{c \in C_V} \frac{N(1-c,V)}{|V|} \; \frac{\exp\left[-\frac{\beta}{2} g(1-c/0)\right]}{\sum\limits_{c' \in C_V} \exp\left[-\frac{\beta}{2} g(1-c'/0)\right]} \;=$$
$$=\; 1 - E_{V/0}\left(\frac{N(.,V)}{|V|}\right) \;.$$
Aus dem letzten Satz, Satz 2.4

und Lemma 3.3 folgt somit die Behauptung.   QED.

7.2 Wir betrachten nun die zweite Ableitung der

Zustandssummen. Ist $V \in \mathcal{V}$ und f eine beliebige Funktion

auf C_V, so bezeichne $D^{\mu,U}_{V/\bar{c}}(f) := \sum\limits_{c \in C_V} \left[f(c) - E^{\mu,U}_{V/\bar{c}}(f) \right]^2 q^{\mu,U}_{V/\bar{c}}(c)$

die Varianz (Dispersion) von f unter $q^{\mu,U}_{V/\bar{c}}$.

BEMERKUNG: Für alle $(\mu,U) \in \mathbb{R} \times \mathfrak{U}_{AS}$, alle $V \in \mathcal{W}$

und alle $\bar{c} \in C_{\bar{V}}$ ist

$$\frac{\partial^2}{\partial \mu^2} \log Z_{V/\bar{c}}(\mu,U) = E_{V/\bar{c}}^{\mu,U}(N(.,V)^2) - E_{V/\bar{c}}^{\mu,U}(N(.,V))^2 =$$

$$= D_{V/\bar{c}}^{\mu,U}(N(.,V)) \quad .$$

BEWEIS: $\frac{\partial^2}{\partial \mu^2} \log Z_{V/\bar{c}} = \frac{\partial}{\partial \mu} E_{V/\bar{c}}(N(.,V)) =$

$$= \frac{\partial}{\partial \mu} \left(Z_{V/\bar{c}}^{-1} \sum_{c \in C_V} N(c,V) \exp[\mu N(c,V) - \ldots] \right) =$$

$$= \sum_{c \in C_V} N(c,V)^2 q_{V/\bar{c}}(c) - \sum_{c \in C_V} N(c,V) q_{V/\bar{c}}(c)^2 . \text{QED.}$$

Wir wollen einige Abkürzungen vereinbaren. Für $(\mu,\beta) \in \mathbb{R} \times \mathbb{R}_+^*$, $V \in \mathcal{W}$ und $g \in G$ setze

$$N(g) := \frac{\partial}{\partial \mu} \log Z_g^+(\mu,\beta) \quad , \quad D(g) := \frac{\partial^2}{\partial \mu^2} \log Z_g^+(\mu,\beta) \quad ,$$

$$D_1(V) := \sum_{g \in G_V} D(g) k_V(g) \; , \; D_2(V) := \sum_{g \in G_V} N(g)^2 k_V(g)(1-k_V(g)),$$

$$D_3(V) := \sum_{g,h \in G_V, g \neq h} N(g)N(h) \left[k_V(\{g,h\}) - k_V(g)k_V(h) \right] \quad .$$

LEMMA 1: Für alle $(\mu,\beta) \in \mathbb{R} \times \mathbb{R}_+^*$ und alle einfach zusammenhängenden $V \in \mathcal{W}$ ist

$$\frac{\partial^2}{\partial \mu^2} \log Z_V(\mu,I_\beta) = D_1(V) + D_2(V) + D_3(V) \quad .$$

BEWEIS:1.Zunächst hat man die Gleichung

$$\frac{\partial^2}{\partial \mu^2} \log Z_V = Z_V^{-1} \frac{\partial^2}{\partial \mu^2} Z_V - \left[\frac{\partial}{\partial \mu} \log Z_V \right]^2 =: d' - d'' \quad .$$

2. Wie im Beweis von 6.5 Lemma 2 erhält man

$$d' = Z_V^{-1} \frac{\partial^2}{\partial \mu^2} \sum_{a \in A_V} \prod_{g \in a} Z_g^+ = Z_V^{-1} \frac{\partial}{\partial \mu} \sum_{g \in G_V} N(g) \sum_{\substack{a \in A_V \\ g \in a}} \prod_{h \in a} Z_h^+ =$$

$$= Z_V^{-1} \sum_{g \in G_V} \frac{\partial}{\partial \mu} N(g) \sum_{\substack{a \in A_V \\ g \in a}} \prod_{h \in a} Z_h^+ + Z_V^{-1} \sum_{g \in G_V} N(g) \sum_{\substack{a \in A_V \\ g \in a}} \prod_{l \in a} Z_l^+ \sum_{h \in a} N(h) =$$

$$= D_1(V) + Z_V^{-1} \sum_{g,h \in G_V} N(g)N(h) \sum_{a \in A_V, g,h \in a} \prod_{l \in a} Z_l^+ =$$

$$= D_1(V) + \sum_{g \in G_V} N(g)^2 k_V(g) + \sum_{\substack{g,h \in G_V \\ g \perp h}} N(g)N(h)k_V(\{g,h\})$$

$$=: D_1(V) + D_2' + D_3' \ .$$

3. $\quad d'' = \sum_{g,h \in G_V} N(g)N(h)k_V(g)k_V(h) = \sum_{g \in G_V} N(g)^2 k_V(g)^2 +$

$$+ \sum_{\substack{g,h \in G_V \\ g \neq h}} N(g)N(h)k_V(g)k_V(h) \quad =: D_2'' + D_3'' \ .$$

4. Man sieht nun, daß in der Tat die Gleichungen

$D_2(V) = D_2' - D_2''$ und $D_3(V) = D_3' - D_3''$ gültig sind. Kombi-
niert man alle bewiesenen Gleichungen miteinander, so
ergibt dies die Behauptung des Lemma. $\qquad$ QED.

LEMMA 2:   Sei B_o wie in Satz 6.6. Dann existiert eine
reguläre Folge $(V_j)_{j \in \mathbb{N}}$ einfach zusammenhängender Mengen
$V_j \in \mathcal{U}$ derart, daß gleichmäßig für alle $(\mu,\beta) \in B_o$ die
Limites $\quad D_i := \lim_{j \to \infty} |V_j|^{-1} D_i(V_j) \quad (i \in \{1,2,3\})$
existieren. Dabei ist

$$D_1 = \sum_{g \in \widetilde{G}} D(g)k(g) \ , \quad D_2 = \sum_{g \in \widetilde{G}} N(g)^2 k(g)(1-k(g)) \quad \text{und}$$

$$D_3 = \sum_{(g,h) \in \widetilde{G} \times G, g \neq h} N(g)N(h)\left[k(\{g,h\}) - k(g)k(h) \right] \ .$$

Offenbar könnten wir die Existenz der drei Limites
für jede reguläre Folge garantieren, wenn es uns gelän-
ge, Abschätzungen der Gestalt

$$|\, D_i(V) - |V|\, D_i \,| \ \leqq \ \text{const}\, |\, \delta V\,| \qquad\qquad (\,1\,)$$

herzuleiten. Dies ist zwar für i=1 und i=2 leicht, je-
doch für i=3 nur mit Hilfe umfangreicher zusätzlicher
Abschätzungen möglich; diese findet man in der Arbeit
[MS 3] .

BEWEIS: 1. In den Fällen i=1 und i=2 erhält man leicht
nach der gleichen Methode, die wir im Beweis von 6.5
Lemma 1 angewandt haben, eine Abschätzung der Gestalt

(1). Man braucht dazu nur die Ungleichungen $D(g) \leq g^4$ und $|k_V(g)(1-k_V(g)) - k(g)(1-k(g))| \leq 2|k_V(g) - k(g)|$ zu beachten.

2. Wir schreiben $D_3(V) = \sum_{g \in G_V} N(g) k_V(g) S_V(g)$ mit

$$S_V(g) := \sum_{h \in G_V,\, h \neq g} N(h) \left[k_V(h/g) - k_V(h) \right] .$$ Wir zeigen

als erstes, daß für jedes $g \in G$ $S_V(g)$ gegen $S(g) :=$

$$\sum_{h \in G,\, h \neq g} N(h) \left[k(h/g) - k(h) \right]$$ konvergiert, wenn V gegen

T aufsteigt. Wegen des Konvergenzsatzes von LEBESGUE

genügt zu zeigen, daß die Funktionen $f_V(h) :=$

$N(h) \left[k_V(h/g) - k_V(h) \right]$ $(V \in \mathcal{V})$ eine summierbare Majorante

besitzen. Nun ist aber nach Satz 6.6 in den Fällen $g \perp h$

und $|g,h| = 0$ $|f_V(h)| \leq \text{const } h^2 z^h \underline{z}^{|g,h|}$ und in den

Fällen $g \ll h$ und $h \ll g$ $|f_V(h)| \leq h^2 z^h$, und es gilt

$$\sum_{h \in G,\, h \perp g \text{ oder } h \times g} \text{const } h^2 z^h \underline{z}^{|g,h|} + \sum_{\substack{h \in G \\ h \ll g \text{ oder } g \ll h}} h^2 z^h$$

$$\leq \text{const } g \sum_{n \in \mathbb{Z}_+} \underline{z}^n (n+2) \sum_{k \in \mathbb{N}} k^2 \underline{z}^k + \sum_{k \in \mathbb{N}} k \underline{z}^k k^2 + |V(g)| \sum_{k \in \mathbb{N}} k^2 \underline{z}^k$$

$\leq \text{const } g + \text{const} + \text{const } g^2 \leq \text{const } g^2 < \infty$.

Insbesondere haben wir also das Resultat $|S_V(g)| \leq$

$\text{const } g^2$ $(V \in \mathcal{V})$.

3. Wir setzen $V^s := \{t+s : t \in V\}$ $(s \in T)$ und können dann

aus Gründen der Translationsinvarianz schreiben

$$|V|^{-1} D_3(V) = \sum_{g \in \tilde{G}} N(g) \, |V|^{-1} \sum_{s \in V} k_{V-s}(g) \, S_{V-s}(g) .$$

Da die Summanden durch eine summierbare Majorante der

Gestalt $\text{const } g^4 y^g$ beschränkt ist, genügt (wieder

nach dem LEBESGUE'schen Satz) zu zeigen, daß

$|V|^{-1} \sum_{s \in V} k_{V-s}(g) \, S_{V-s}(g)$ bei festem g gegen $k(g)S(g)$

konvergiert, wenn V eine bestimmte reguläre Folge

durchläuft.

4. Sei $V_j \in \mathfrak{W}$ das Quadrat mit Seitenlänge 2^j+1 und

Mittelpunkt O. Wähle ferner ein $\Theta \in]\frac{1}{2}, 1[$ und bezeichne

mit W_j das Quadrat mit Seitenlänge $2\left[2^{j-2}(2-\Theta^j)\right]^- + 1$

und Mittelpunkt O. Dann gilt $|W_j|\,|V_j|^{-1} \to 1$ und

$|W_j, \partial V_j| \to \infty$ $(j \to \infty)$, also $\quad X_j := \bigcap_{s \in W_j} V_j^{-s} \nearrow T$

$(j \nearrow \infty)$. Aus Gründen der Beschränktheit existiert daher

der Limes $\quad \lim_{j \to \infty} |V_j|^{-1} \sum_{s \in V_j} k_{V_j^{-s}}(g)\, S_{V_j^{-s}}(g)$ genau dann,

wenn $\lim_{j \to \infty} |W_j|^{-1} \sum_{s \in W_j} k_{V_j^{-s}}(g)\, S_{V_j^{-s}}(g)$ existiert, und

beide Limites stimmen dann überein. Um die Existenz des

letzteren zu zeigen, schreiben wir

$$|W_j|^{-1} \sum_{s \in W_j} k_{V_j^{-s}}(g)\, S_{V_j^{-s}}(g) \; - \; k(g)\, S(g) \; =$$

$$= |W_j|^{-1} \sum_{s \in W_j} \left[k_{V_j^{-s}}(g) - k(g)\right] S_{V_j^{-s}}(g) \quad +$$

$$+ |W_j|^{-1} \sum_{s \in W_j} k(g) \left[S_{V_j^{-s}}(g) - S(g)\right] \quad .$$

Ist j so groß, daß $V(g) \subset X_j$ ist, so gibt uns Satz 6.6 (c)

für den Betrag des ersten Summanden eine obere Schranke

der Gestalt const $\underline{z}^{|g, \partial X_j|}$, somit also die Konvergenz

des ersten Summanden gegen O. Schreiben wir den zweiten

Summanden in der Gestalt

$$k(g) \sum_{\substack{h \in G \\ h \neq g}} N(h)\; |W_j|^{-1} \sum_{s \in W_j} \left[k_{V_j^{-s}}(h/g) - k(h/g) - k_{V_j^{-s}}(h) + k(h)\right],$$

so zeigt die gleiche Überlegung, daß man aus Satz 6.6 (c)

für den Betrag der inneren Summe wieder eine Abschätzung

der Gestalt const $z^h\, \underline{z}^{|h, \partial X_j|}$ erhält; denn man überzeugt

sich leicht, daß für die Differenz der bedingten Korrela-

tionsfunktionen Abschätzungen der gleichen Bauart gelten,

wie wir sie für die Differenz der Korrelationsfunktionen

gezeigt haben, wenn man beachtet, daß man dazu nur T
durch $\overline{V}(g)$ ersetzen muß.. Zusammen mit dem Satz von
LEBESGUE impliziert dies die Konvergenz auch des zweiten Summanden gegen 0 .   QED.

Aus den Lemmata 1 und 2 gewinnt man die

<u>FOLGERUNG</u>: Sei B_o wie in Satz 6.6 und $(V_j)_{j \in \mathbb{N}}$ wie
in Lemma 2 . Dann existiert gleichmäßig für alle (μ,β)
$\in B_o$ der Limes

$$D(\mu,\beta) := \lim_{j \to \infty} \frac{\partial^2}{\partial \mu^2} |V_j|^{-1} \log Z_{V_j}(\mu,I_\beta) \; ,$$

und es gilt $D(\mu,\beta) = D_1 + D_2 + D_3$.

<u>SATZ</u>: Sei β_o wie in Satz 6.6 und $\beta > \beta_o$. Dann ist
$\chi(\cdot,I_\beta)$ auf $]-\infty,\hat{\mu}(I_\beta)]$ zweimal stetig differenzierbar
(d.h. an der Stelle $\hat{\mu}(I_\beta)$ zweimal linksseitig differenzierbar), und $\frac{\partial^2}{\partial \mu^2}\chi(\cdot,\cdot)$ ist auf B_o stetig.

BEWEIS: Auf B_o ist $D(\cdot,\cdot)$ gleichmäßiger Limes der
stetigen Funktionen $\frac{\partial^2}{\partial \mu^2}|V_j|^{-1} \log Z_{V_j}(\cdot,I_\cdot)$. Satz 7.1
und der Satz von der gliedweisen Differentiation impli-
zieren somit die Behauptung.   QED.

Corollar 3.2 impliziert nun wieder

<u>COROLLAR 1</u>: Ist $\beta > \beta_o$, so ist $\chi(\cdot,I_\beta)$ an jeder
Stelle $\mu \neq \hat{\mu}(I_\beta)$ zweimal stetig differenzierbar. An
der Stelle $\hat{\mu}(I_\beta)$ existieren sowohl die linksseitige
als auch die rechtsseitige zweite Ableitung (und sind
endlich) . Es gilt

$$\frac{\partial^2_\pm}{\partial \mu^2} \chi(\hat{\mu}(I_\beta)+x,I_\beta) = \frac{\partial^2_\mp}{\partial \mu^2}\chi(\hat{\mu}(I_\beta)-x,I_\beta) \quad (x \in \mathbb{R}) \; .$$

Satz 3.4 beweist nun schließlich das anschauliche

<u>COROLLAR 2</u>: Sei $\beta > \beta_o$ derart, daß mit den Parametern
$(\hat{\mu}(I_\beta),I_\beta)$ ein Phasenübergang stattfindet. Dann macht die
Isotherme am Rande des Phasenübergangsintervalls einen

Knick, d.h. an den Stellen $\varrho_+(\hat{\mu}(I_\beta),I_\beta)^{-1}$ und
$\varrho_-(\hat{\mu}(I_\beta),I_\beta)^{-1}$ existieren die links- und rechtsseitigen Ableitungen von $p(.,I_\beta)$ und sind verschie-
den.

Die nachfolgenden Skizzen sind also qualitativ
richtig.

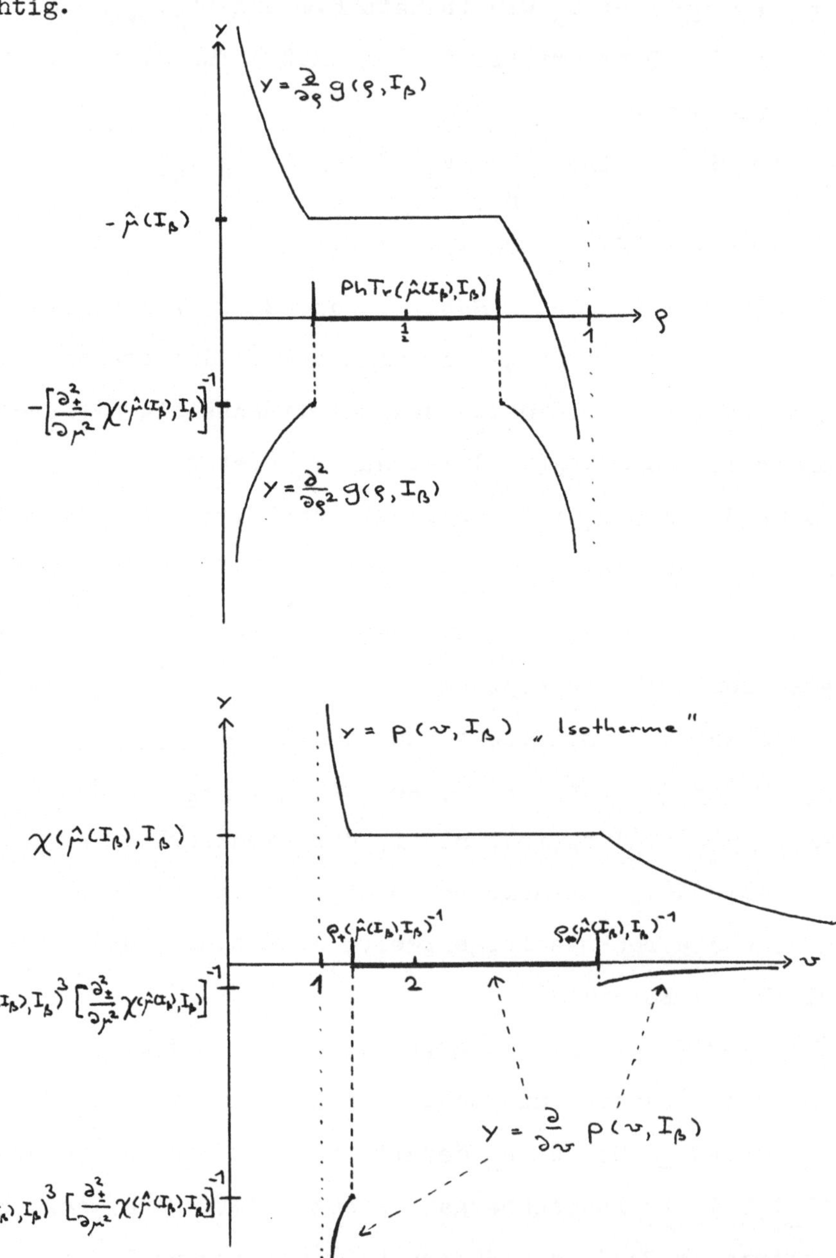

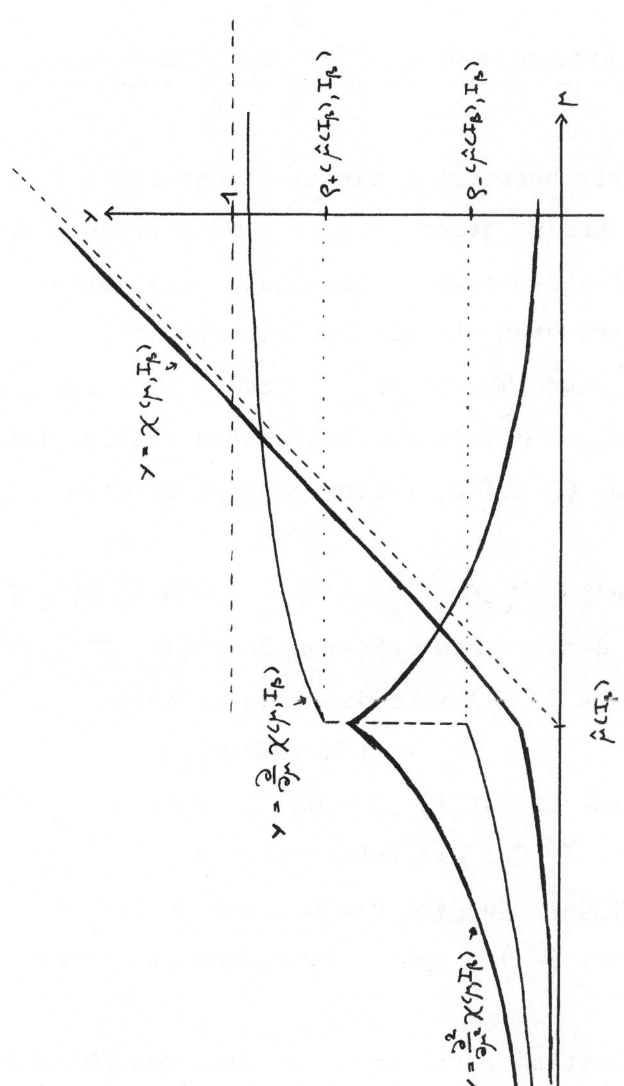

$Y = \chi(\mu, I_\beta)$
$Y = \frac{\partial}{\partial \mu}\chi(\mu, I_\beta)$
$Y = \frac{\partial^2}{\partial \mu^2}\chi(\mu, I_\beta)$
$P_+(\hat\mu(I_\beta), I_\beta)$
$P_-(\hat\mu(I_\beta), I_\beta)$
$\hat\mu(I_\beta)$

GLEICHGEWICHTSZUSTÄNDE

§ 8
Definition nach DOBRUŠIN und einige Eigenschaften

8.1 Wir betrachten das ν-dimensionale kubische Gitter
$T := \mathbb{Z}^{\nu}$ und zu jeder Menge $V \subset T$ die Menge $C_V := \{o,1\}^V$
aller Teilchenkonfigurationen auf V und setzen $C := C_T$.
Ferner betrachten wir die Projektionen $\pi_W^V : C_V \to C_W$
($W \subset V \subset T$) und $\pi_W := \pi_W^T$. Sind $V \subset T$, $c \in C_V$ und $W \subset V$,
so setze $c_W := \pi_W^V(c)$. Wir betrachten schließlich die
σ-Algebra $\mathcal{F}$ auf C, welche erzeugt wird von den Zylinder-
mengen

$$\pi_V^{-1}(c') = \{c \in C : c_V = c'\} \quad (c' \in C_V , V \in \mathfrak{W}) .$$

Wir haben damit einen meßbaren Raum (C , $\mathcal{F}$) vorliegen,
und für alle $V \in \mathfrak{W}$ sind die Projektionen

$$\pi_V : (C , \mathcal{F}) \longrightarrow (C_V , \mathcal{P}(C_V))$$

meßbar, d.h. es ist $\mathcal{F}_V := \pi_V^{-1}(\mathcal{P}(C_V)) \subset \mathcal{F}$. Dabei
bezeichnet $\mathcal{P}(C_V)$ die Potenzmenge von C_V .

DEFINITION: <u>Zustand</u> heiße jedes Wahrscheinlichkeits-
maß auf (C , $\mathcal{F}$) . $p\mathcal{F}$ bezeichne die Menge aller Zustände.

Jeder Zustand P ist nach dem Satz von KOLMOGOROV ver-
möge $\pi_V(P) = P_V$ äquivalent zu einem projektiven System
$\{P_V : V \in \mathfrak{W}\}$ von Marginalverteilungen P_V. "Projektiv"
bedeutet dabei, daß für $V,W \in \mathfrak{W}$ mit $W \subset V$ die Gleichung
$P_W = \pi_W^V(P_V)$, d.h. also die Gleichung

$$P_W(c) = \sum_{c' \in C_{V \setminus W}} P_V(c,c') \quad (c \in C_W) \qquad (1)$$

erfüllt ist. Dabei bezeichnet (c,c') die Konfiguration auf V , welche auf W durch c und auf $V \smallsetminus W$ durch c' gegeben ist. Manchmal ist die Gleichung (1), welche die Marginalverteilungen verknüpft, hinderlich. Dann erweist sich folgende Begriffsbildung als nützlich.

DEFINITION: Sei $P \in p\mathfrak{F}$. Dann heißt die Funktion

$$\mathfrak{L} \ni V \longrightarrow \quad r(V) = r^P(V) := P_V(1) \in [0,1]$$

die Korrelationsfunktion zu P. Dabei sei $1 \in C_V$ die Konfiguration, welche alle $t \in V$ mit einem Teilchen belegt. $r^P(V)$ ist somit die Wahrscheinlichkeit unter P dafür, daß ganz V mit Teilchen besetzt ist. Es gilt nun die

BEMERKUNG: Die Abbildung $P \to r^P$ ist umkehrbar eindeutig.

BEWEIS: Seien $V \in \mathfrak{L}$ und $c \in C_V$, $M = M(c)$. Dann gilt

$$\{c' \in C_V : M(c') \supset M\} \smallsetminus \{c\} = \bigcup_{s \in V \smallsetminus M} \{c' \in C_V : M(c') \supset M \cup \{s\}\} \ .$$

Hieraus folgt nach einer bekannten Formel der Wahrscheinlichkeitstheorie (vgl. etwa FELLER: An Introduction into Probability Theory and its Applications, vol.I p.89)

$$P_M(1) - P_V(c) = \sum_{s \in V \smallsetminus M} P_{M \cup \{s\}}(1) - \sum_{X \subset V \smallsetminus M, |X|=2} P_{M \cup X}(1) \pm \ldots$$

$$\mp P_V(1), \text{ also}$$

$$P_V(c) = \sum_{M(c) \subset X \subset V} (-1)^{|X \smallsetminus M(c)|} \, r^P(X) \ . \qquad (1')$$

Dies impliziert die Behauptung.   QED.

Wir wollen noch anmerken, daß für jede Menge $W \subset T$ mit $|W| = \infty$ genau eine kleinste σ-Algebra $\mathfrak{F}'_W$ auf C_W existiert derart, daß π_W meßbar wird. $P_W := \pi_W(P)$ ist dann ein Wahrscheinlichkeitsmaß auf $(C_W, \mathfrak{F}'_W)$ $(P \in p\mathfrak{F})$. Setze

$$\mathfrak{F}_W := \pi_W^{-1}(\mathfrak{F}'_W) \qquad .$$

Wir können nun $p\mathfrak{F}$ zu einem metrischen Raum machen. Ist $V \in \mathfrak{L}$, so haben wir auf der Menge $\mathbb{R}^{C_V}$ die Norm $\| . \|_V$ der totalen Variation, welche definiert ist durch $\| p \|_V := \frac{1}{2} \sum_{c \in C_V} |p(c)|$ $(p \in \mathbb{R}^{C_V})$.   (2)

Sind p und p' zwei Wahrscheinlichkeitsverteilungen auf C_V , so erhält man sofort die Identität

$$\| p-p' \|_V = \max_{A \subset C_V} |p(A)-p'(A)| = 1 - \sum_{c \in C_V} \min [p(c),p'(c)] ,\quad (2')$$

wenn man beachtet, daß die Ausdrücke in (2) und (2') nichts anderes sind als Umschreibungen von $(p-p')(C_V^+) = -(p-p')(C_V^-)$, wenn $C_V^+ \cup C_V^- = C_V$ eine HAHN-Zerlegung für $(p-p')$ ist.

Sei n: $\mathcal{V} \to \mathbb{N}$ eine beliebig vorgegebene Injektion mit $n(\{0\}) = 1$. Wir betrachten dann den Raum

$$bC := \left\{ R = (R_V)_{V \in \mathcal{V}} : R_V \in \mathbb{R}^{C_V}, R_W = \sum_{c \in C_{V \setminus W}} R_V(.,c)(V \supset W), \right.$$
$$\left. \sup_{V \in \mathcal{V}} n(V)^{-1} \| R_V \|_V < \infty \right\}$$

aller gleichmäßig beschränkten projektiven Funktionensysteme auf C . Mit der Norm

$$\| R \|_\infty := \sup_{V \in \mathcal{V}} n(V)^{-1} \| R_V \|_V \qquad\qquad (3)$$

wird bC zu einem Banachraum. Es ist $p\mathcal{C} \subset \{ \| . \|_\infty = 1 \} \subset bC$, und $\| . \|_\infty$ definiert auf $p\mathcal{C}$ eine Metrik. Konvergenz in dieser Metrik ist dann offenbar gleichbedeutend mit der Konvergenz aller Marginalverteilungen, der Konvergenz in der schwachen Topologie und wegen (1') auch mit der punktweisen Konvergenz der zugehörigen Korrelationsfunktionen.

Wichtig ist folgendes

LEMMA: $p\mathcal{C}$ ist in der $\| . \|_\infty$ - Topologie kompakt.

BEWEIS: Zunächst weiß man, daß für jedes $V \in \mathcal{V}$ die Menge pC_V aller Wahrscheinlichkeitsverteilungen auf C_V $\| . \|_V$ - kompakt ist. Sei nun $\mathcal{V} = (V_j)_{j \in \mathbb{N}}$ eine

Aufzählung von $\mathcal{W}$, sei ferner eine Folge $(P^k)_{k \in \mathbb{N}}$ in $p\mathcal{C}$ gegeben. Wir müssen zeigen, daß eine Teilfolge in $p\mathcal{C}$ konvergiert. Nun existieren aber eine Folge $(k_1^1)_{1 \in \mathbb{N}}$ in $\mathbb{N}$ und ein $p_1 \in pC_{V_1}$ mit $\| P_{V_1}^{k_1^1} - p_1 \|_{V_1} \to 0$ $(1 \to \infty$). Für jedes $j \geq 2$ findet sich nun eine Teilfolge $(k_1^j)_{1 \in \mathbb{N}}$ von $(k_1^{j-1})_{1 \in \mathbb{N}}$ und ein $p_j \in pC_{V_j}$ mit $\| P_{V_j}^{k_1^j} - p_j \|_{V_j} \to 0$ $(1 \to \infty$). Dann ist das System $(p_j)_{j \in \mathbb{N}}$ in der Tat projektiv, d.h. durch $P_{V_j} := p_j$ wird ein $P \in p\mathcal{C}$ definiert, und P ist der $\| \cdot \|_\infty$ - Limes der Diagonalfolge $(P^{k_j^j})_{j \in \mathbb{N}}$.   QED.

8.2   Wir wollen nun solche Zustände P auszeichnen, die in gewissem Sinn GIBBSsch sind. Dazu definieren wir in elementarer Weise die folgenden bedingten Wahrscheinlichkeiten: Sind $V, W \in \mathcal{W}$ mit $V \cap W = \emptyset$, so setze für $c \in C_V$, $c' \in C_W$

$$P_{V/W}(c/c') := \begin{cases} \dfrac{P_{V \cup W}(c,c')}{P_W(c')} & , \text{ falls } P_W(c') > 0 \\ 0 & \text{ sonst.} \end{cases} \qquad (1)$$

Aus dem Konvergenzsatz für isotone Martingale erhält man dann folgendes Resultat: Für alle $V \in \mathcal{W}$ und $P_{\overline{V}}$ - fastalle $\overline{c} \in C_{\overline{V}}$ und alle isoton gegen $\overline{V}$ aufsteigenden Folgen $(W_k)_{k \in \mathbb{N}}$ in $\mathcal{W}$ existiert der Limes

$$P_{V/\overline{c}} := \lim_{k \to \infty} P_{V/W_k}(\cdot/\overline{c}_{W_k}) \qquad (2)$$

und ist unabhängig von der Wahl der Folge $(W_k)_{k \in \mathbb{N}}$. $P_{V/\overline{c}}$ ist ein Maß auf (C_V , $\mathcal{P}(C_V)$) .

Wir interessieren uns nun für solche $P \in p\mathcal{C}$, für welche die bedingten Wahrscheinlichkeiten $P_{V/\overline{c}}$ wie GIBBS-Verteilungen aussehen. Wir betrachten daher zu $V \in \mathcal{W}$ die Menge

$$\mathcal{G}_V = \mathcal{G}_V(\mu, U) := \{ q_{V/\overline{c}}^{\mu, U} : \overline{c} \in C_{\overline{V}} \}$$

aller GIBBS-Verteilungen in V bei variierender Außen- bedingung $\overline{c}$, wobei wie üblich eine Wechselwirkung

$U \in \mathfrak{U}_{AS}$ und ein chemisches Potential $\mu \in \mathbb{R}$ zugrunde gelegt sind. Wir wollen sofort anmerken, daß zwischen den $q_{V/\bar{c}}$ folgende nützliche Beziehung besteht: Sind $V,W \in \mathfrak{W}$ mit $W \subset V$, so gilt für alle $\bar{c} \in C_{\overline{W}}$

$$q_{W/\bar{c}} \;=\; \frac{q_{V/\bar{c}_{\overline{V}}}(\,\cdot\,,\,\bar{c}_{V \smallsetminus W})}{\sum\limits_{c \in C_W} q_{V/\bar{c}_{\overline{V}}}(\,c\,,\,\bar{c}_{V \smallsetminus W})} \;\cdot \qquad (\,3\,)$$

Man verifiziert dies sofort mit Hilfe der Definition von $q_{V/\bar{c}}$.

<u>DEFINITION</u>: Von einem Wahrscheinlichkeitsfeld $(\,C\,,\,\mathcal{F}\,,\,P\,)$ sagen wir, es beschreibe ein Gittergas im thermodynamischen Gleichgewicht, und nennen $P \in p\mathcal{F}$ <u>Gleichgewichtszustand</u> zu den Parametern $(\mu,U) \in \mathbb{R} \times \mathfrak{U}_{AS}$, wenn für alle $V \in \mathfrak{W}$ und alle $\bar{c} \in C_{\overline{V}}$ $P_{V/\bar{c}}$ existiert und mit $q_{V/\bar{c}}^{\mu,U}$ übereinstimmt. Sei $\mathcal{G} = \mathcal{G}(\mu,U)$ die Menge aller Gleichgewichtszustände zu (μ,U) .

<u>BEMERKUNG</u>: Die Marginalverteilungen eines Gleichgewichtszustandes sind stets positiv, d.h. es gilt $P_V(c) > 0$ $(\,c \in C_V\,,\,V \in \mathfrak{W}\,,\,P \in \mathcal{G}\,)$. Zum Beweis braucht man nur die Positivität von $q_{V/\,\cdot}(c)$ und die Gleichung $P_V(c) = \int q_{V/\,\cdot}(c)\,dP_{\overline{V}}$ zu beachten.

8.3   Wir beweisen nun die Existenz von Gleichgewichtszuständen. Ist A Teilmenge eines topologischen Vektorraumes, so bezeichne $\operatorname{conv} A$ ihre konvexe und $\underline{\operatorname{conv}} A$ ihre konvexe abgeschlossene Hülle.

<u>LEMMA</u>: Für jede isoton gegen T aufsteigende Folge $(V_k)_{k \in \mathbb{N}}$ in $\mathfrak{W}$ und alle $(\mu,U) \in \mathbb{R} \times \mathfrak{U}_{AS}$ gilt

$$\pi_{V_k}^{-1}\,\underline{\operatorname{conv}}\,\mathcal{G}_{V_k}(\mu,U) \;\searrow\; \mathcal{G}(\mu,U) \quad (k \nearrow \infty).$$

<u>BEMERKUNG</u>: Für alle $V \in \mathfrak{W}$ gilt $\pi_V^{-1}\underline{\operatorname{conv}}\,\mathcal{G}_V = \underline{\operatorname{conv}}\,\pi_V^{-1}\mathcal{G}_V$

BEWEIS der Bemerkung: 1. π_V ist stetig und affin linear. Daher ist $\pi_V^{-1} \underline{\text{conv}}\, \mathcal{G}_V$ konvex und abgeschlossen. Da es auch $\pi_V^{-1} \mathcal{G}_V$ enthält, folgt $\underline{\text{conv}}\, \pi_V^{-1} \mathcal{G}_V \subset \pi_V^{-1} \underline{\text{conv}}\, \mathcal{G}_V$.

2. Ist umgekehrt $P \in \pi_V^{-1} \underline{\text{conv}}\, \mathcal{G}_V$, so existiert eine Folge $(p^k)_{k \in \mathbb{N}}$ in $\text{conv}\, \mathcal{G}_V$ mit $\lim_{k \to \infty} p^k = P_V$. Jedes p^k besitzt eine Darstellung $p^k = \sum_{i=1,\dots,n_k} \lambda_{k,i}\, q^{k,i}$ mit $q^{k,i} \in \mathcal{G}_V$. Setze

$$r^{k,i}(W) := \begin{cases} r^P(W) & (W \not\subset V) \\ q^{k,i}\{M(.) \ni W\} & (W \subset V) \end{cases} \quad . \text{ Dann}$$

bestimmt jedes $r^{k,i}$ genau ein $P^{k,i} \in \pi_V^{-1} \mathcal{G}_V$. Setze $P^k := \sum_{i=1,\dots,n_k} \lambda_{k,i}\, P^{k,i}$. Dann gilt $P^k \in \text{conv}\, \pi_V^{-1} \mathcal{G}_V$ und

$$r^{P^k}(W) = \begin{cases} r^P(W) & (W \not\subset V) \\ p^k\{M(.) \ni W\} & (W \subset V) \end{cases} \longrightarrow r^P(W) \; (k \to \infty) \ ,$$

also $\| P^k - P \|_\infty \to 0$. Somit ist $P \in \underline{\text{conv}}\, \pi_V^{-1} \mathcal{G}_V$. QED.

BEWEIS des Lemma: 1. Aus Gleichung 3.2 (3) erhält man für alle $V, W \in \mathcal{U}$ mit $W \subset V$ und alle $\bar{c} \in C_{\overline{V}}$ und alle $c \in C_{V \setminus W}$ die Gleichung

$$q_{V/\bar{c}}(\cdot, c) = q_{W/c,\bar{c}} \sum_{c' \in C_W} q_{V/\bar{c}}(c', c)$$

und also

$$\pi_W^V q_{V/\bar{c}} = \sum_{c \in C_{V \setminus W}} \left[\sum_{c' \in C_W} q_{V/\bar{c}}(c', c) \right] q_{W/c,\bar{c}} \in \text{conv}\, \mathcal{G}_W \ . \qquad (1)$$

Dies impliziert die Inklusion $\mathcal{G}_V \subset (\pi_W^V)^{-1} \underline{\text{conv}}\, \mathcal{G}_W$. Nun ist $(\pi_W^V)^{-1} \underline{\text{conv}}\, \mathcal{G}_W$ aber konvex und wegen

$$\| \pi_W^V p - \pi_W^V p' \|_W \leq \| p - p' \|_V \quad (p, p' \in pC_V) \qquad (2)$$

auch abgeschlossen. Also gilt sogar

$$\underline{\text{conv}}\, \mathcal{G}_V \subset (\pi_W^V)^{-1} \underline{\text{conv}}\, \mathcal{G}_W \ .$$

Dies beweist die Antitonie der Folge $\big(\pi_{V_k}^{-1} \underline{\text{conv}}\, \mathcal{G}_{V_k} \big)_{k \in \mathbb{N}}$.

2. Ist $P \in \mathcal{G}$ und $k \in \mathbb{N}$ beliebig, so existiert zu jedem $\bar{c} \in C_{\overline{V}_k}$ die bedingte Wahrscheinlichkeit $P_{V_k/\bar{c}}$, und es

ist $P_{V_k/\bar{c}} = q_{V_k/\bar{c}}$. Also hat man die Gleichung

$$P_{V_k} = \int q_{V_k/\bar{c}} \; P_{\bar{V}_k}(d\bar{c}) \qquad\qquad (\,3\,)$$

und damit die Relation $P_{V_k} \in \underline{\text{conv}} \; \mathcal{G}_{V_k}$ für alle $k \in \mathbb{N}$.

Also ist $\{P\} = \bigcap_{k \in \mathbb{N}} \pi_{V_k}^{-1}(P_{V_k}) \subset \bigcap_{k \in \mathbb{N}} \pi_{V_k}^{-1} \underline{\text{conv}} \; V_k$

und somit $\mathcal{G} \subset \bigcap_{k \in \mathbb{N}} \pi_{V_k}^{-1} \underline{\text{conv}} \; \mathcal{G}_{V_k}$.

3. Wir zeigen jetzt: Zu jedem $V \in \mathcal{W}$ und jedem $\varepsilon > 0$

gibt es ein $R = R(V,\varepsilon) \in \mathbb{N}$ derart, daß für alle

$\bar{c}, \bar{c}' \in C_{\bar{V}}$ die Implikation

$$\bar{c}(t) = \bar{c}'(t) \quad (\|t\| \leq R(V,\varepsilon)) \implies \| q_{V/\bar{c}} - q_{V/\bar{c}'} \|_V \leq \varepsilon$$

richtig ist. Zu $V \in \mathcal{W}$ und $\varepsilon > 0$ wähle man R nämlich so,

daß $\displaystyle\sum_{s \in V, \|t\| > R} |U(s-t)| \leq \log\sqrt{1+\varepsilon}$ ist. Für $U \in \mathcal{U}_{AS}$

ist dies stets möglich. Dann erhält man für alle $\bar{c}, \bar{c}' \in$

$C_{\bar{V}}$ mit $\bar{c}(t) = \bar{c}'(t)$ $(\|t\| \leq R)$ und alle $c \in C_V$ für

$$S(c,\bar{c},\bar{c}') := \sum_{s \in V, t \in \bar{V}} c(s)\bar{c}(t)U(s-t) - \sum_{s \in V, t \in \bar{V}} c(s)\bar{c}'(t)U(s-t)$$

die Ungleichung

$$|S(c,\bar{c},\bar{c}')| \leq \sum_{s \in V, t \in \bar{V}} c(s)|\bar{c}(t)-\bar{c}'(t)| \; |U(s-t)| \leq$$

$$\leq \sum_{s \in V, \|t\| > R} |U(s-t)| \leq \log\sqrt{1+\varepsilon}$$

und weiter die Abschätzung

$$q_{V/\bar{c}'}(c) \; q_{V/\bar{c}}(c)^{-1} = Z_{V/\bar{c}'}^{-1} \exp[S(c,\bar{c},\bar{c}')] \; \cdot$$

$$\cdot \sum_{c' \in C_V} \exp\Big[\mu N(c',V) - \tfrac{1}{2}\sum_{s,t \in M(c')} U(s-t) - \sum_{\substack{s \in M(c') \\ t \in M(\bar{c})}} U(s-t)\Big] \cdot$$

$$\cdot \exp[S(c',\bar{c}',\bar{c})] \leq$$

$$\leq 1+\varepsilon$$

und genauso $q_{V/\bar{c}}(c) \; q_{V/\bar{c}'}(c)^{-1} \leq 1+\varepsilon$. Setze nun

$C_V' := \{c \in C_V : q_{V/\bar{c}'}(c) \geq q_{V/\bar{c}}(c)\}$. Dann erhält man

$$\| q_{V/\bar{c}} - q_{V/\bar{c}'} \|_V \leq \tfrac{1}{2}\sum_{c \in C_V'} q_{V/\bar{c}}(c) \left[q_{V/\bar{c}'}(c) q_{V/\bar{c}}(c)^{-1} - 1\right] +$$

$$+ \frac{1}{2} \sum_{c \in C_V \setminus C_V'} q_{V/\bar{c}\,'}(c) \left[q_{V/\bar{c}}(c) q_{V/\bar{c}\,'}(c)^{-1} - 1 \right] \leq \frac{\varepsilon}{2} + \frac{\varepsilon}{2} = \varepsilon \ .$$

4. Zu beliebigem $V \in \mathcal{V}$ und $\varepsilon > 0$ sei nun $k = k(V,\varepsilon)$ so groß, daß die Inklusion $V \cup \{ \| \cdot \| \leq R(V,\varepsilon) \} \subset V_k$ vorliegt. Sei ferner $\bar{c} \in C_{\overline{V}}$ beliebig vorgegeben. Für jedes $P \in \pi_{V_k}^{-1}$ conv $\mathcal{G}_{V_k}$ erhält man eine Gleichung der Gestalt

$$P_{V_k} = \sum_{j=1}^{n} a_j \, q_{V_k/\bar{c}_j} \quad , \text{ wobei } \sum_{j=1}^{n} a_j = 1, \ a_j \geq 0, \ \bar{c}_j \in C_{\overline{V}_k}$$

$(j=1,\dots,n)$ und $n \in \mathbb{N}$ sind. Dies hat zur Folge, daß die bedingte Wahrscheinlichkeit $P_{V/V_k \setminus V}(\cdot \, / \, \bar{c}_{V_k \setminus V})$ die Darstellung

$$P_{V/V_k \setminus V}(\cdot \, / \, \bar{c}_{V_k \setminus V}) = \sum_{j=1}^{n} b_j \, q_{V/\bar{c}_{V_k \setminus V}, \bar{c}_j} \qquad (\,4\,)$$

besitzt. Dabei sind die konvexen Koeffizienten b_j gegeben durch $b_j := b_j' \left[\sum_{i=1}^{n} b_i' \right]^{-1}$, $b_j' := a_j \sum_{c \in C_V} q_{V_k/\bar{c}_j}(c, \bar{c}_{V_k \setminus V})$.

Zum Beweis braucht man nur die Gleichungen 8.1 (1), 8.2 (1) und 8.2 (3) heranzuziehen. Nun können wir wegen $(\bar{c}_{V_k \setminus V}, \bar{c}_j)_{\{ \| \cdot \| \leq R(V,\varepsilon) \}} = \bar{c}_{\{ \| \cdot \| \leq R(V,\varepsilon) \}}$ die unter 3. bewiesene Aussage ausnutzen und erhalten aus (4) die Ungleichung

$$\| P_{V/V_k \setminus V}(\cdot \, / \, \bar{c}_{V_k \setminus V}) - q_{V/\bar{c}} \|_V \leq \varepsilon \qquad (\,5\,)$$

für $k = k(V,\varepsilon)$ und alle $P_{V_k} \in$ conv $\mathcal{G}_{V_k}$ und also alle $P \in \pi_{V_k}^{-1} \underline{\text{conv}} \, \mathcal{G}_{V_k}$.

    Ist nun $P \in \bigcap_{k \in \mathbb{N}} \pi_{V_k}^{-1} \underline{\text{conv}} \, \mathcal{G}_{V_k}$, so gilt (5) für alle $k \geq k(V,\varepsilon)$, für jeden Häufungspunkt p der Folge $(P_{V/V_k \setminus V}(\cdot \, / \, \bar{c}_{V_k \setminus V}))_{k \in \mathbb{N}}$ also die Ungleichung $\| p - q_{V/\bar{c}} \|_V \leq \varepsilon$. Da $\varepsilon > 0$ und $V \in \mathcal{V}$ beliebig gewählt sind, impliziert dies die Relation $P \in \mathcal{G}$ und also die Inklusion $\bigcap_{k \in \mathbb{N}} \pi_{V_k}^{-1} \underline{\text{conv}} \, \mathcal{G}_{V_k} \subset \mathcal{G}$. Damit ist alles gezeigt.

QED.

$\underline{\text{SATZ 1}}$: Für alle $(\mu,U) \in \mathbb{R} \times \mathcal{U}_{AS}$ gilt

(a) $\mathcal{G}(\mu,U) \neq \emptyset$

(b) $\mathcal{G}(\mu,U) = \underline{\text{conv}}\ \mathcal{G}(\mu,U)$

(c) $\mathcal{G}(\mu,U)$ ist kompakt

(d) $\mathcal{G}(\mu,U) = \bigcap\limits_{V \in \mathcal{V}} \pi_V^{-1}\ \underline{\text{conv}}\ \mathcal{G}_V(\mu,U)$.

BEWEIS: Sei $(V_k)_{k \in \mathbb{N}}$ eine beliebige gegen T aufsteigende Folge in $\mathcal{V}$. Die Mengen $\pi_{V_k}^{-1}\ \underline{\text{conv}}\ \mathcal{G}_{V_k} \cap p\mathcal{C}$ sind dann als abgeschlossene Teilmengen der kompakten Menge $p\mathcal{C}$ kompakt und außerdem linear geordnet; ihr Durchschnitt $\mathcal{G}$ ist also nach einem bekannten Satz nichtleer. Genauso überträgt sich ihre Konvexität und Abgeschlossenheit, also auch ihre Kompaktheit auf $\mathcal{G}$. Ist ferner $V \subset V_k$, so impliziert das Lemma die Inklusionen $\pi_V^{-1} \underline{\text{conv}}\ \mathcal{G}_V \supset \pi_{V_k}^{-1} \underline{\text{conv}}\ \mathcal{G}_{V_k} \supset \mathcal{G}$ und daher auch Aussage (d) des Satzes.   QED.

$\underline{\text{DEFINITION}}$: $\mathcal{G}_\infty = \mathcal{G}_\infty(\mu,U)$ sei die Menge aller Zustände $P \in p\mathcal{C}$ mit folgender Eigenschaft: Es existiert eine T ausschöpfende Folge $(V_k)_{k \in \mathbb{N}}$ in $\mathcal{V}$ und eine Folge $(P^k)_{k \in \mathbb{N}}$ mit $P^k \in \pi_{V_k}^{-1} \mathcal{G}_{V_k}(\mu,U)$ und $\| P^k - P \|_\infty \to 0$ $(k \to \infty)$.

$\underline{\text{SATZ 2}}$: $\mathcal{G}(\mu,U) = \underline{\text{conv}}\ \mathcal{G}_\infty(\mu,U)$ $(\ (\mu,U) \in \mathbb{R} \times \mathcal{U}_{AS}\ )$.

BEWEIS: 1. Aus Aussage (d) des Satzes 1 folgt $\mathcal{G}_\infty \subset \mathcal{G}$ und daher $\underline{\text{conv}}\ \mathcal{G}_\infty \subset \underline{\text{conv}}\ \mathcal{G} = \mathcal{G}$.
2. Ist $P \in \mathcal{G} \setminus \underline{\text{conv}}\ \mathcal{G}_\infty \neq \emptyset$, so existiert nach dem Trennungssatz für abgeschlossene und kompakte Teilmengen eines lokalkonvexen Raumes eine abgeschlossene Hyperebene H in $b\mathcal{C}$, welche $\{P\}$ und $\underline{\text{conv}}\ \mathcal{G}_\infty$ streng trennt. Sei S derjenige der durch H definierten offenen Halbräume mit $P \in S$. Dann ist $S \cap \underline{\text{conv}}\ \pi_V^{-1} \mathcal{G}_V \neq \emptyset$ $(V \in \mathcal{V})$ und also auch $S \cap \pi_V^{-1} \mathcal{G}_V \neq \emptyset$ $(V \in \mathcal{V})$. Hieraus folgt nun aber $\mathcal{G}_\infty \cap (S \cup H) \neq \emptyset$ im Widerspruch zu $\mathcal{G}_\infty \subset \underline{\text{conv}}\ \mathcal{G}_\infty \subset b\mathcal{C} \setminus (S \cup H)$.   QED.

8.4   Zu $V \in \mathcal{V}$ und $t \in T$ bezeichne $V^t = \{s \in T : s-t \in V\}$ das um t verschobene Volumen V, und zu einer Konfiguration c sei die Konfiguration c^t definiert durch $c^t(s) = c(s-t)$. Offenbar ist stets $c^t_{V^t} = (c_V)^t$. Zu $A \in \mathcal{F}$ schließlich sei $A^t = \{c^t : c \in A\}$.

DEFINITION: $P \in p\mathcal{F}$ heißt __translationsinvariant__, wenn für alle $A \in \mathcal{F}$ und $t \in T$ die Gleichung $P(A) = P(A^t)$ richtig ist. $p_0\mathcal{F}$ bezeichne die Menge aller translationsinvarianten Zustände.

BEMERKUNG: $P \in p\mathcal{F}$ ist bereits dann translationsinvariant, wenn die Gleichung $P(A) = P(A^t)$ nur für alle $e \in T$ mit $\|e\| = 1$ und alle $A \in \mathcal{F}_0 := \bigcup_{V \in \mathcal{V}} \mathcal{F}_V$ nachgewiesen ist. Denn erstens ist jedes $t \in T$ die Summe von Einheitsvektoren, und zweitens ist die Menge aller $A \in \mathcal{F}$ mit $P(A) = P(A^t)$ $(t \in T)$ ein Dynkinkörper, und $\mathcal{F}$ wird von der Algebra $\mathcal{F}_0$ erzeugt.

SATZ :   Die Menge $\mathcal{G}_0 = \mathcal{G}_0(\mu,U)$ aller translationsinvarianten Gleichgewichtszustände zu $(\mu,U) \in \mathbb{R} \times \mathfrak{U}_{AS}$ ist stets nichtleer. Ferner gilt stets $\mathcal{G}_0 = \underline{\mathrm{conv}}\, \mathcal{G}_0$.

BEWEIS: Sei $P \in \mathcal{G}$. Zu $t \in T$ definiere $P^t \in p\mathcal{F}$ durch $P^t(A) := P(A^t)$ $(A \in \mathcal{F})$. Dann ist $P^t_V(c) = P_{V^t}(c^t)$ $(V \in \mathcal{V},\ c \in C_V)$ und also für beliebiges $\bar{c} \in C_{\overline{V}}$ die Aussage

$$P^t_{V/W}(c/\bar{c}_W) = P_{V^t/W^t}(c^t/\bar{c}^t_W) \xrightarrow[W \nearrow \overline{V}]{} q_{V^t/\bar{c}^t}(c^t) = q_{V/\bar{c}}(c)$$

richtig, d.h. es gilt $P^t \in \mathcal{G}$ $(t \in T)$.

Für $k \in \mathbb{N}$ sei nun $W_k \in \mathcal{V}$ der achsenparallele Würfel mit Kantenlänge $2k+1$ und Mittelpunkt O. Setze $P^k :=$
$$:= |W_k|^{-1} \sum_{s \in W_k} P^s.$$
Da $\mathcal{G}$ konvex ist, haben wir $P^k \in \mathcal{G}$ $(k \in \mathbb{N})$. Da $\mathcal{G}$ kompakt ist, existiert eine konvergente Teilfolge $(P^{k_j})_{j \in \mathbb{N}}$ mit Limes $P_0 \in \mathcal{G}$. Wir zeigen:

$P_o \in \mathcal{G}_o$. Seien $A \in \mathcal{F}_o$ und $t \in T$. Dann ist

$$0 \leq |P_o(A) - P_o(A^t)| = \lim_{j \to \infty} |W_{k_j}|^{-1} \left| \sum_{s \in W_{k_j}} [P^s(A) - P^{s+t}(A)] \right|$$

$$\leq \lim_{j \to \infty} |W_{k_j}|^{-1} \sum_{s \in W_{k_j} \vartriangle W_{k_j}^t} P^s(A) \leq \lim_{j \to \infty} |W_{k_j}|^{-1} |W_{k_j} \vartriangle W_{k_j}^t|$$

$= 0$. Dabei haben wir mit $V \vartriangle W$ die symmetrische

Differenz zweier Mengen V und W bezeichnet. QED.

8.5 Bekanntlich sagt man von einem physikalischen

System, es befinde sich im Gleichgewicht, wenn sich die

freie Energie des Systems auf ein Minimum eingestellt

hat. Daß die Zustände $P \in \mathcal{G}$ tatsächlich in diesem Sinne

Gleichgewichtszustände sind, wollen wir in diesem Ab-

schnitt zeigen.

Seien $(\mu, U) \in \mathbb{R} \times \mathfrak{U}_{AS}$, $V \in \mathcal{W}$ und $\bar{c} \in C_{\bar{V}}$. Zu $p \in pC_V$

betrachte dann die mittlere innere Energie

$$H_{V/\bar{c}}(p) = H_{V/\bar{c}}^{\mu,U}(p) := \sum_{c \in C_V} p(c) \, U_{V/\bar{c}}(c) \quad \text{von } p$$

(Dabei setzen wir für $c \in C_V$ $U_{V/\bar{c}}(c) = U_{V/\bar{c}}^{\mu,U} :=$

$$:= -\mu \, N(c,V) + \frac{1}{2} \sum_{s,t \in M(c)}^{*} U(s-t) + \sum_{s \in M(c), t \in M(\bar{c})}^{*} U(s-t) \,),$$

die Entropie $S_V(p) := - \sum_{c \in C_V} p(c) \log p(c) \quad \text{von } p$

und die freie Energie

$$F_{V/\bar{c}}(p) = F_{V/\bar{c}}^{\mu,U}(p) := H_{V/\bar{c}}^{\mu,U}(p) - S_V(p) \quad \text{von } p.$$

BEMERKUNG 1: Stets gilt

$$\min_{p \in pC_V} F_{V/\bar{c}}^{\mu,U}(p) = - \log Z_{V/\bar{c}}(\mu,U) = F_{V/\bar{c}}^{\mu,U}(\, q_{V/\bar{c}}^{\mu,U} \,) \, .$$

BEWEIS: $F_{V/\bar{c}}(p) = \sum_{c \in C_V} \left[U_{V/\bar{c}}(c) + \log p(c) \right] p(c) =$

$$= -\log \prod_{c \in C_V}\left[\frac{\exp[-U_{V/\bar{c}}(c)]}{p(c)}\right]^{p(c)} \geq -\log \sum_{c \in C_V} p(c)\frac{\exp[-U_{V/\bar{c}}(c)]}{p(c)}$$

$$= -\log Z_{V/\bar{c}} = \sum_{c \in C_V}[-\log Z_{V/\bar{c}}]q_{V/\bar{c}}(c) = F_{V/\bar{c}}(q_{V/\bar{c}}). \quad \text{QED.}$$

Ist $P \in \mathfrak{p}\mathcal{C}$, so betrachte die Limites

$$H(P) = H^{\mu,U}(P) := \text{th-lim } |V|^{-1} H^{\mu,U}_{V/\bar{c}}(P_V) \ ,$$

$$S(P) := \text{th-lim } |V|^{-1} S_V(P_V) \quad \text{und}$$

$$F(P) = F^{\mu,U}(P) := \text{th-lim } |V|^{-1} F^{\mu,U}_{V/\bar{c}}(P_V) \ .$$

Bezeichne mit $h\mathcal{C} = h\mathcal{C}(\mu,U)$ bzw. $s\mathcal{C}$ bzw. $f\mathcal{C} = f\mathcal{C}(\mu,U)$ die Menge aller $P \in \mathfrak{p}\mathcal{C}$, für welche $H(P)$ bzw. $S(P)$ bzw. $F(P)$ existiert. Wir werden zeigen, daß die Inklusion $\mathfrak{g} \subset f\mathcal{C}$ stets richtig ist und daß die Gleichgewichtszustände als Lösungen eines Variationsproblems für $F(.)$ hervorgehen. Die Nichttrivialität dieses Variationsproblems ergibt sich aus der

BEMERKUNG 2: Sei $P \in \mathfrak{p}\mathcal{C}$ periodisch, d.h. es gebe Zahlen $a_j \in \mathbb{N}$ $(j=1,\dots,\nu)$ mit $P = P^{a_j e_j}$ $(j=1,\dots,\nu)$, wobei $e_j \in T$ den j-ten Einheitsvektor bezeichnet. Sei W ein achsenparalleles Parallelepiped, dessen Kantenlänge in j-ter Richtung a_j beträgt $(j=1,\dots,\nu)$. Dann gilt:

(a) Es existiert $\varrho(P) := \text{th-lim} \int \frac{N(.,V)}{|V|} \, dP =$
$$= E_{P_W}\left(\frac{N(.,W)}{|W|}\right) .$$

(b) $P \in h\mathcal{C}$ und $H^{\mu,U}(P) = u(P) - \mu\,\varrho(P)$, wobei wir setzen
$$u(P) := |W|^{-1}\int \frac{1}{2}\sideset{}{^*}\sum_{t \in W, s \in T} c(s)c(t)U(s-t)\, P(dc) .$$

(c) $P \in s\mathcal{C} \cap f\mathcal{C}$.

BEWEIS: Ist $X \in \mathcal{W}$ ein Parallelepiped mit Kantenlängen $b^1,\dots,b^\nu \in \mathbb{N}$, so bezeichne für $n \in \mathbb{Z}^\nu$ $X_n := X^{nb}$ die um den Vektor $nb := (n^1 b^1,\dots,n^\nu b^\nu) \in T$ verschobene Menge X und zu $V \in \mathcal{W}$ $\quad X(V) := \bigcup_{X_n \subset V} X_n$.

"(a)" : Aus th-lim $|V|^{-1}|W(V)| = 1$ und $P^{na} = P$

$(n \in \mathbb{Z}^\nu)$ erhalten wir die Gleichungen

$$\int \frac{N(.,W)}{|W|}\, dP = \text{th-lim}\, \frac{|W(V)|}{|V|} \int \frac{N(.,W)}{|W|}\, dP =$$

$$= \text{th-lim} \sum_{W_n \subset V} \frac{|W_n|}{|V|} \int \frac{N(.,W_n)}{|W_n|}\, dP = \text{th-lim} \int \frac{N(.,W(V))}{|V|}\, dP .$$

Die Behauptung folgt nun aus der Ungleichung

$$\left| \int \frac{N(.,W(V))}{|V|}\, dP - \int \frac{N(.,V)}{|V|}\, dP \right| \leq \frac{|V \setminus W(V)|}{|V|} .$$

"(b)": $\left| E_{V/0}(P_V) + \mu \int N(.,V)\, dP - |V|\, u(P) \right| =$

$$= \frac{1}{2} \left| \int \sum_{s,t \in V}^{*} c(s)c(t)U(s-t)P(dc) - \frac{|V|}{|W|} \int \sum_{\substack{s \in W \\ t \in T}}^{*} c(s)c(t)U(s-t)P(dc) \right|$$

$$\leq \frac{1}{2} \left| \int \sum_{\substack{s \in W(V) \\ t \in V}}^{*} c(s)c(t)U(s-t)P(dc) \right. -$$

$$- \left. \sum_{W_n \subset V} \int \sum_{\substack{s \in W_n \\ t \in T}}^{*} c(s)c(t)U(s-t)dP(c) \right| +$$

$$+ 2 \frac{1}{2} |V \setminus W(V)|\, \| U \| \leq$$

$$\leq \frac{1}{2} \sum_{t \in W(V), s \in V}^{*} |U(s-t)|\, dP + |V \setminus W(V)|\, \|U\| \leq$$

$$\leq \frac{1}{2} |V|\, a_V(U) + |V \setminus W(V)|\, \| U \| .$$ Dabei ist $a_V(U)$ wie in

Abschnitt 2.1 definiert. Es folgt die Existenz von

th-lim $|V|^{-1} E_{V/0}(P_V) = u(P) - \mu\, \varrho(P)$ und wegen

$\left| U_{V/\bar{c}}(c) - U_{V/0}(c) \right| \leq |V|\, a_V(U)$ $(c \in C_V, \bar{c} \in C_{\bar{V}})$ auch die von

$E(P)$.

"(c)" : Für jedes $P \in p^{\frown}$ und je zwei Mengen $X,Y \in \mathcal{W}$

mit $X \subset Y$ gelten die Ungleichungen

$$0 \leq S_X(P_X) \leq S_Y(P_Y) \leq |Y| \log 2 \qquad \text{und}$$

$S_Y(P_Y) \leq S_X(P_X) + S_{Y \setminus X}(P_{Y \setminus X})$. Ihren elementaren Be-

weis findet man etwa in $[R\ 1]$, Section 7.2.2 . Setzen

wir nun $a := \inf \{ |V|^{-1} S_V(P_V) : V \in \mathcal{W}$, V ist ein

achsenparalleles Parallelepiped mit $W(V) = V \}$, so

existiert zu beliebigem $\varepsilon > 0$ ein Parallelepiped $X \in$

$\mathcal{W}$ derart, daß $|X|^{-1} S_X(P_X) < a + \varepsilon$ ist, so daß aus

den zitierten Ungleichungen für beliebiges $V \in \mathcal{W}$ die

Beziehung $\quad S_V(P_V) \leq S_{X(V)}(P_{X(V)}) + S_{V\smallsetminus X(V)}(P_{V\smallsetminus X(V)}) \leq$

$\leq \sum\limits_{X_n \subset V} S_{X_n}(P_{X_n}) + |V\smallsetminus X(V)|\, \log 2 \leq |V|\,|X|^{-1}S_X(P_X) + |V\smallsetminus X(V)|$

$\log 2 \leq |V|(a+\varepsilon) + |V\smallsetminus X(V)|\, \log 2 \quad$ resultiert. Hieraus

ergibt sich nun die Existenz von $\lim\limits_{k\to\infty} |X_k|^{-1} S_{X_k}(P_{X_k}) = a$

für jede Folge $(X_k)_{k\in\mathbb{N}}$ von Parallelepipeds mit $W(X_k) =$

X_k $(k\in\mathbb{N})$. Sei $(X_k)_{k\in\mathbb{N}}$ eine solche und $(V_j)_{j\in\mathbb{N}}$ eine be-

liebige reguläre Folge. Wie oben folgt dann

$\limsup\limits_{j\to\infty} |V_j|^{-1} S_{V_j}(P_{V_j}) \leq a$. Betrachten wir andrerseits

bei beliebig vorgegebenem $k\in\mathbb{N}$ das kleinste Parallelepiped

E_j mit $X_k(E_j) = E_j$ und $E_j \supset V_j$, so haben wir die Ungleichung

$S_{E_j}(P_{E_j}) \leq S_{V_j}(P_{V_j}) + \sum\limits_{n\in\mathbb{Z}^{\nu}:(X_k)_n \subset E_j\smallsetminus V_j} S_{(X_k)_n}(P_{(X_k)_n}) +$

$\qquad\qquad + |(E_j\smallsetminus V_j)\smallsetminus X_k(E_j\smallsetminus V_j)|\, \log 2$

und also, wenn d_k den Durchmesser von X_k und

$n_j := |\{n\in\mathbb{Z}^{\nu}: (X_k)_n \subset E_j\smallsetminus V_j\}|$ die Anzahl der Translate von

X_k in $E_j\smallsetminus V_j$ bezeichnet,

$|V_j|^{-1} S_{V_j}(P_{V_j}) \geq \dfrac{|E_j\smallsetminus X_k(E_j\smallsetminus V_j)|}{|V_j|}\, |E_j|^{-1} S_{E_j}(P_{E_j}) -$

$- \dfrac{n_j|X_k|}{|V_j|}\left[|X_k|^{-1} S_{X_k}(P_{X_k}) - |E_j|^{-1} S_{E_j}(P_{E_j})\right] - \dfrac{|R(-d_k,V_j)|}{|V_j|}\, \log 2.$

Aus Regularitätsgründen gilt $\lim\limits_{j\to\infty} |V_j|^{-1}|E_j\smallsetminus X_k(E_j\smallsetminus V_j)| = 1$,

$|V_j|^{-1} n_j|X_k| \leq$ const $(j,k\in\mathbb{N})$ und $\lim\limits_{j\to\infty} |V_j|^{-1}|R(-d_k,V_j)| = 0$.

Lassen wir also erst j und dann k gegen ∞ streben, so

folgt $\liminf\limits_{j\to\infty} |V_j|^{-1} S_{V_j}(P_{V_j}) \geq a$. Damit ist die

Existenz von $S(P)$ bewiesen, und wegen "(b)" also

auch die von $F(P)$. $\hfill$ QED.

Wir kommen nun zum eigentlichen

$\underline{\text{SATZ}}$: Sei $(\mu, U) \in \mathbb{R} \times \mathbb{U}_{AS}$ beliebig. Dann gilt:

(a) Ist $P \in \mathcal{G}(\mu, U)$, so gilt auch $P \in f\, \mathcal{F}(\mu, U)$, und es ist $F^{\mu, U}(P) = \min\limits_{Q \in f\mathcal{F}(\mu, U)} F^{\mu, U}(Q) = - \chi(\mu, U)$.

(b) Ist $P \in \mathcal{G}(\mu, U) \cap h\mathcal{F}(\mu, U)$, so gilt auch $P \in s\mathcal{F}$, und man hat $S(P) = \max\limits_{Q \in s\mathcal{F} \cap h\mathcal{F}(\mu, U) : H(Q) = H(P)} S(Q)$.

(c) Ist die Funktion $\beta \to \chi(\beta\mu, \beta U)$ an einer Stelle β_0 differenzierbar (aus Konvexitätsgründen ist dies für fast alle β_0 der Fall) , so ist

$$\mathcal{G}(\beta_0\mu, \beta_0 U) \subset h\mathcal{F}(\beta_0\mu, \beta_0 U) \cap s\mathcal{F} \quad ,$$

und $H(.)$, $S(.)$ und $F(.)$ sind auf $\mathcal{G}(\beta_0\mu, \beta_0 U)$ konstant.

Beschränkt man sich auf die Betrachtung translationsinvarianter Zustände, so hat man sogar das schärfere Resultat $\mathcal{G}_0(\mu, U) = \left\{ P \in p_0\mathcal{F} : F^{\mu, U}(P) = -\chi(\mu, U) \right\}$. Dies wird in der Arbeit $\begin{bmatrix} LR \end{bmatrix}$ bewiesen.

BEWEIS: "(a)": Gemäß der Bemerkung 1 gilt für alle $Q \in f\mathcal{F}$ die Ungleichung   (1)

$$-\chi(\mu, U) = \text{th-lim}\, |V|^{-1} \log Z_{V/\bar{c}} \leqslant \text{th-lim}\, |V|^{-1} F_{V/\bar{c}}(Q_V) = F(Q).$$

Sei nun $P \in \mathcal{G}(\mu, U)$. Nach einer Formel für den Mittelwert der bedingten Entropie (vgl. etwa FEINSTEIN: Foundations of Information Theory, 2.2 Lemma 4) gilt dann für alle $W \in \mathcal{W}$ mit $W \subset \bar{V}$ und alle $\bar{c}_0 \in C_{\bar{V}}$

$$S_V(P_V) \geqslant \int S_V(P_{V/W}(./c_W))\, P(dc)$$

und also

$$S_V(P_V) \geqslant \int S_V(q_{V/\bar{c}})\, P_{\bar{V}}(d\bar{c}) \geqslant \int \log Z_{V/\bar{c}}\, P_{\bar{V}}(d\bar{c}) +$$

$$+ \int \sum_{c \in C_V} U_{V/\bar{c}_0}(c) q_{V/\bar{c}}(c) P_{\bar{V}}(d\bar{c}) - |V| a_V(U) =$$

$$= \int \log Z_{V/\bar{c}}\, P_{\bar{V}}(d\bar{c}) + H_{V/\bar{c}_0}(P_V) - |V| a_V(U) , \text{ also}$$

$$F_{V/\bar{c}_0}(P_V) \leqslant - \int \log Z_{V/\bar{c}}\, P_{\bar{V}}(d\bar{c}) + |V|\, a_V(U) . \qquad (2)$$

Für hinreichend großes V ist bei beliebig vorgegebenem

$\varepsilon > 0$ $- |V|^{-1} \log Z_{V/\bar{c}} \leq - \chi(\mu,U) + \frac{\varepsilon}{2}$ und $a_V(U) \leq \frac{\varepsilon}{2}$,

also wegen (2) $|V|^{-1} F_{V/\bar{c}_0}(P_V) \leq -\chi(\mu,U) + \varepsilon$ für

beliebiges $\bar{c}_0 \in C_{\overline{V}}$. Zusammen mit (1) impliziert dies

die Behauptung.

"(b)" ist eine unmittelbare Folgerung aus (a) .

"(c)":   Für alle $V \in \mathcal{V}$, alle $\bar{c},\bar{c}_0 \in C_{\overline{V}}$ und alle $\beta \in \mathbb{R}$

ist

$$\frac{d}{d\beta} \log Z_{V/\bar{c}}(\beta\mu,\beta U) = - \sum_{c \in C_V} U_{V/\bar{c}}^{\mu,U}(c)\, q_{V/\bar{c}}^{\beta\mu,\beta U}(c) =$$

$$= - \sum_{c \in C_V} U_{V/\bar{c}_0}^{\mu,U}(c)\, q_{V/\bar{c}}^{\beta\mu,\beta U}(c) + o(V) = - \beta^{-1} H_{V/\bar{c}_0}^{\beta\mu,\beta U}(q_{V/\bar{c}}^{\beta\mu,\beta U})$$

$$+ o(V) \quad . \quad (3)$$

Ferner sind die Funktionen $\beta \to |V|^{-1} \log Z_{V/\bar{c}}(\beta\mu,\beta U)$

konvex und stetig und streben im thermodynamischen

Limes gegen die konvexe stetige Funktion $\beta \to \chi(\beta\mu,\beta U)$.

Existiert nun $\frac{d}{d\beta}\chi(\beta_0\mu,\beta_0 U)$, so auch

$\text{th-lim}|V|^{-1} \frac{d}{d\beta} \log Z_{V/\bar{c}}(\beta_0\mu,\beta_0 U) = \frac{d}{d\beta}\chi(\beta_0\mu,\beta_0 U)$,

also wegen (3) auch $\text{th-lim}|V|^{-1} H_{V/\bar{c}_0}^{\beta_0\mu,\beta_0 U}(q_{V/\bar{c}}^{\beta_0\mu,\beta_0 U})$.

Man beachte, daß in diesem letzten Limes $\bar{c}_0$ und $\bar{c}$ unab-

hängig voneinander variieren dürfen. Nun besteht aber

für $P \in \mathcal{G}(\beta_0\mu,\beta_0 U)$ die Gleichung

$$H_{V/\bar{c}_0}(P_V) = \int H_{V/\bar{c}_0}(q_{V/c_{\overline{V}}})\, P(dc) \quad .$$

Nach dem Satz von LEBESGUE existiert daher

$$\text{th-lim}\, |V|^{-1} H_{V/\bar{c}_0}(P_V) = \int \text{th-lim}|V|^{-1} H_{V/\bar{c}_0}(q_{V/c_{\overline{V}}})P(dc)$$

$$= - \beta_0 \frac{d}{d\beta} \chi(\beta_0\mu,\beta_0 U) \quad . \qquad \text{QED.}$$

8.6   Es ist noch interessant zu bemerken, daß

$\mathcal{G}(\cdot,\cdot)$ stetig (im Sinne des folgenden Satzes) von sei-

nen Parametern abhängt. Es gilt nämlich der

<u>SATZ</u> :   Seien $\mu, \mu_k \in \mathbb{R}$, $U, U_k \in \mathfrak{U}_{AS}$ ($k \in \mathbb{N}$), und es gelte $\mu_k \to \mu$, $\| U_k - U \| \to 0$ ($k \to \infty$). Seien ferner Gleichgewichtszustände $P^k \in \mathcal{G}(\mu_k, U_k)$ gegeben, für welche $P := \| \cdot \|_\infty - \lim\limits_{k \to \infty} P^k \in p\mathcal{F}$ existiert. Dann ist $P \in \mathcal{G}(\mu, U)$.

BEWEIS: Wir wollen Wahrscheinlichkeitsmaße in $\mathcal{G}_V(\mu_k, U_k)$ mit $q^k_{V/\bar{c}}$ bezeichnen und solche in $\mathcal{G}_V(\mu, U)$ mit $q_{V/\bar{c}}$. Für P gilt nun einerseits: Für alle $V \in \mathcal{V}$, $\bar{c} \in C_{\bar{V}}$, alle $\varepsilon > 0$ und alle $W \subset \bar{V}$ findet sich ein $k(W) \in \mathbb{N}$, so daß für alle $k \geq k(W)$ die Ungleichung

$$\| P_{V/W}(\cdot/\bar{c}_W) - P^k_{V/W}(\cdot/\bar{c}_W) \|_V \leq \varepsilon$$

erfüllt ist. Andrerseits haben wir bei beliebigem $V \in \mathcal{V}$ und $\varepsilon > 0$ die Tatsache zur Verfügung, daß für alle hinreichend großen $W \subset \bar{V}$ und alle hinreichend großen k und alle $\bar{c} \in C_{\bar{V}}$ die Ungleichung

$$\| P^k_{V/W}(\cdot/\bar{c}_W) - q^k_{V/\bar{c}} \|_V \leq \varepsilon$$

richtig ist. Dies beweist man genauso wie in Lemma 8.3 , Beweisabschnitte 3. und 4.; denn $R(V, \varepsilon)$ kann wegen $\| U - U_k \| \to 0$ ($k \to \infty$) für hinreichend großes k unabhängig von k gewählt werden. Schließlich gilt noch

$$\| q^k_{V/\bar{c}} - q_{V/\bar{c}} \|_V \leq \varepsilon$$

für hinreichend großes k. Als Resultat folgt also, daß für alle $V \in \mathcal{V}$, $\bar{c} \in C_{\bar{V}}$, $\varepsilon > 0$, alle hinreichend großen $W \subset \bar{V}$ (und alle hinreichend großen k) die Abschätzung

$$\| P_{V/W}(\cdot/\bar{c}_W) - q_{V/\bar{c}} \|_V \leq 3\varepsilon$$

gültig ist. Also existiert $\lim\limits_{W \nearrow \bar{V}} P_{V/W}(\cdot/\bar{c}_W) = q_{V/\bar{c}}$ ($V \in \mathcal{V}, \bar{c} \in C_{\bar{V}}$) , d.h. es ist $P \in \mathcal{G}(\mu, U)$.   QED.

§ 9

Thermodynamische Phasen

und ihre Gleichgewichtszustände

9.1   In diesem Abschnitt zeigen wir, daß die extremalen Gleichgewichtszustände durch eine gewisse Regula-
ritätseigenschaft charakterisiert werden können. Ist X
eine konvexe Teilmenge eines Vektorraumes Y und sind
$x, y \in Y$, so bezeichne

$[x,y] := \{ ax + (1-a)y : a \in [0,1] \}$ die abgeschlossene

und für $x \neq y$

$]x,y[:= \{ ax + (1-a)y : a \in]0,1[\}$ die offene Strecke

zwischen x und y und

$\mathrm{ex}\, X := \{ z \in X : z \in [x,y] \subset X \Rightarrow z = x \text{ oder } z = y \}$

die Menge der Extremalpunkte von X .

DEFINITION: $P \in p\mathcal{C}$ heiße regulär, wenn für alle
$A \in \mathcal{C}$ die Eigenschaft

$$\sup_{B \in \mathcal{C}_{\overline{V}}} | P(A \cap B) - P(A)P(B) | \to 0 \quad (V \nearrow T) \qquad (1)$$

erfüllt ist.

BEMERKUNG: $P \in p\mathcal{C}$ ist genau dann regulär, wenn (1)
für alle $A \in \mathcal{C}_0$ gilt. Dies folgt unmittelbar aus der
Tatsache, daß $\mathcal{C}$ von $\mathcal{C}_0$ erzeugt wird und die Menge
aller $A \in \mathcal{C}$, welche (1) erfüllen, ein Dynkinkörper ist.

LEMMA 1: Ist $P \in \mathrm{ex}\, \mathcal{G}$, so ist P regulär.

BEWEIS: 1. Sei $P \in \mathcal{G}$ nicht regulär. Dann existieren
ein $\varepsilon > 0$, ein $W \in \mathcal{W}$ und ein $A \in \mathcal{C}_W$, ferner eine gegen
T aufsteigende Folge $(V_j)_{j \in \mathbb{N}}$ in $\mathcal{W}$ und Mengen $B_j \in \mathcal{C}_{\overline{V}_j}$
mit der Eigenschaft

$$| P(A \cap B_j) - P(A)\, P(B_j) | \geq \varepsilon \quad (j \in \mathbb{N}) . \qquad (2)$$

2. (2) impliziert die Ungleichung

$$\tfrac{\varepsilon}{2} \leq P(B_j) \leq 1 - \tfrac{\varepsilon}{2} \quad (j \in \mathbb{N}) \; ,$$

denn andernfalls wären entweder die beiden Ungleichungen
$0 \leq P(A)P(B_j) < \tfrac{\varepsilon}{2}$ und $0 \leq P(A \cap B_j) < \tfrac{\varepsilon}{2}$ oder die Ungleichungen $|P(A) - P(A)P(B_j)| < \tfrac{\varepsilon}{2}$ und $|P(A) - P(A \cap B_j)| < \tfrac{\varepsilon}{2}$ richtig, im Widerspruch zu (2).

3. Wegen 2. sind die bedingten Wahrscheinlichkeiten
$P^j := P(./B_j)$ und $Q^j := P(./C \setminus B_j)$ wohldefiniert, und es gilt $\quad P = P(B_j)\, P^j \; + \; (1 - P(B_j))\, Q^j \; .$ $\qquad$ (3)

4. Für alle $j \in \mathbb{N}$ gilt $\{ P^j, Q^j \} \subset \pi_{V_j}^{-1} \, \underline{\mathrm{conv}} \, \mathcal{G}_{V_j}$. Denn für $c \in C_{V_j}$ ist etwa

$$P^j_{V_j}(c) := P(\pi_{V_j}^{-1}(c)/B_j) = \int q_{V_j/\cdot}(c)\, dP_{\overline{V}_j}(./B_j)$$

und also $P^j \in \pi_{V_j}^{-1} \, \underline{\mathrm{conv}} \, \mathcal{G}_{V_j}$.

5. Wir können o.B.d.A. die Folge $(P(B_j))_{j \in \mathbb{N}}$ als konvergent annehmen. Wegen 2. ist ihr Limes $a \in \,]0,1[$. Wegen der Kompaktheit von $p\mathbb{C}$ und Gleichung (3) können wir ebenfalls o.B.d.A. annehmen, daß die Folgen $(P^j)_{j \in \mathbb{N}}$ und $(Q^j)_{j \in \mathbb{N}}$ konvergieren mit Limes $\overline{P}$ bzw. $\overline{Q}$. Wegen 4. gilt $\{ \overline{P}, \overline{Q} \} \subset \bigcap_{j \in \mathbb{N}} \pi_{V_j}^{-1} \underline{\mathrm{conv}} \, \mathcal{G}_{V_j} = \mathcal{G}$. Ferner gibt uns Gleichung (3) die Beziehung $P = a\,\overline{P} + (1-a)\,\overline{Q}$. Schließlich besteht wegen (2) für alle $j \in \mathbb{N}$ die Ungleichung

$$|P(A) - P^j(A)| > |P(A)P(B_j) - P(A \cap B_j)| \geq \varepsilon > 0 \; ,$$

also auch im Limes für $j \to \infty$, d.h. es gilt $P \neq \overline{P}$. P besitzt also eine für Extremalpunkte verbotene Darstellung als nichttriviale konvexe Kombination. $\qquad$ QED.

Die Umkehrung der Aussage von Lemma 1 ist ebenfalls richtig. Zum Beweis betrachte die σ-Algebra

$F_\infty := \bigcap\limits_{V \in \mathfrak{V}} F_{\overline{V}} \subset F$ der infiniten Ereignisse. Es

gilt nun folgendes

<u>LEMMA 2</u>: Sind $P, Q \in \mathfrak{Q}$ und ist Q totalstetig bezüg-

lich P , so besitzt Q eine F_∞ - meßbare P - Dichte.

BEWEIS: 1. Seien $P \in \mathfrak{Q}$ und $V \in \mathfrak{V}$. Dann läßt sich C

disjunkt in die Mengen $\pi_V^{-1}(c)$ $(c \in C_V)$ zerlegen. Da jede

meßbare Menge $A \subset \pi_V^{-1}(c)$ eine Darstellung $A = \{c\} \times A'$

mit $A' \in F_{\overline{V}}'$ besitzt, läßt sich die Restriktion von P

auf $\pi_V^{-1}(c)$ auch als Maß auf $F_{\overline{V}}'$ interpretieren, welches

wir mit $P^V(c, .)$ bezeichnen wollen $(c \in C_V)$. Gemäß der Defi-

nition von $\mathfrak{Q}$ ist $P^V(c, d\overline{c}) = q_{V/\overline{c}}(c)\, P_{\overline{V}}(d\overline{c})$ und also

$$P^V(c, d\overline{c}) = e_V(c, \overline{c})\, P^V(0, d\overline{c}) \quad (c \in C_V, V \in \mathfrak{V}) \ , \qquad (\,4\,)$$

wobei $0 \in C_V$ die Konfiguration bezeichnet, welche identisch

0 ist, und $e_V(c, \overline{c}) = q_{V/\overline{c}}(c)\, Z_{V/\overline{c}}$ gesetzt ist.

2. Seien nun $P, Q \in \mathfrak{Q}$, sei ferner Q bezüglich P totalste-

tig. Dann existiert eine F -meßbare P-integrierbare

Funktion f auf C mit

$$Q(A) = \int\limits_A f(c)\, P(dc) \quad (A \in F) \ .$$

Wir zeigen, daß f als F_∞ - meßbar gewählt werden kann.

Sei $V \in \mathfrak{V}$. Nach (4) erfüllt Q dann die Gleichung

$$Q^V(c, A') = \int\limits_{A'} e_V(c, \overline{c})\, Q^V(0, d\overline{c}) \quad \text{und also}$$

$$\int\limits_{A'} f(c, \overline{c})\, P^V(c, d\overline{c}) = \int\limits_{A'} e_V(c, \overline{c})\, f(0, \overline{c})\, P^V(0, d\overline{c})$$

$(c \in C_V,\ A' \in F_{\overline{V}}')$. Andrerseits gilt (4) auch für P ,

wir erhalten daher

$$\int\limits_{A'} \left[f(c, \overline{c}) - f(0, \overline{c}) \right] P^V(c, d\overline{c}) = 0 \quad (c \in C_V, A' \in F_{\overline{V}}') \ .$$

Wählt man für A' nacheinander die Mengen

$\left\{ f(c, .) > f(o, .) \right\}$ und $\left\{ f(c, .) < f(o, .) \right\}$, so erhält man hieraus die Konklusion

$$f(c,.) = f(0,.) \quad P^V(c,.) - \text{fastsicher} \quad (c \in C_V) \ ,$$

also $f(c) = f(0,c_{\overline{V}})$ für P-fastalle $c \in C$. f besitzt also für alle $V \in \mathcal{W}$ eine $F_{\overline{V}}$ – meßbare, also auch eine F_∞ – meßbare Version. $\qquad$ QED.

$\underline{\text{SATZ}}$: Für $P \in \mathcal{G}$ sind folgende Aussagen äquivalent:

(a) $P \in \text{ex } \mathcal{G}$

(b) P ist regulär

(c) P erfüllt ein 0-1-Gesetz , d.h. für alle $A \in F_\infty$
      ist $P(A) \in \{0,1\}$.

(d) Jede F_∞ – meßbare P – integrierbare Funktion auf C
      ist P – fastsicher konstant, d.h. $L^1(C, F_\infty, P)$ besteht
      aus den Konstanten.

BEWEIS: "(a) $\Rightarrow$ (b)" ist die Aussage von Lemma 1 .

"(b) $\Rightarrow$ (c)": Sei $A = B \in F_\infty \subset F_{\overline{V}} \subset F$ $(V \in \mathcal{W})$. Die Regularität von P hat dann die Aussage $|P(A) - P(A)^2| \to 0$ $(V \nearrow T)$ und also die zu beweisende Identität $P(A) = P(A)^2$ zur Folge.

"(c) $\Rightarrow$ (d)": Die Mengen $\{ f < \int f \, dP + \varepsilon \}$ und $\{ f > \int f \, dP - \varepsilon \}$ $(\varepsilon > 0)$ liegen für jede F_∞ – meßbare integrierbare Funktion f in F_∞ und haben bei P strikt positives Maß, wegen (c) also das Maß 1 . Es folgt $P \{ f = \int f \, dP \} = 1$.

"(d) $\Rightarrow$ (a)": Besitzt P eine Darstellung $P = aQ + (1-a)Q'$ mit $Q, Q' \in \mathcal{G}$ und $a \in]0,1[$, so sind Q und Q' totalstetig bezüglich P , besitzen also nach Lemma 2 F_∞ – meßbare P – Dichten f bzw. f' . f und f' sind nach (d) P-fastsicher konstant, und diese Konstante kann nur 1 sein. Es folgt $Q = P = Q'$ und somit $P \in \text{ex } \mathcal{G}$. $\qquad$ QED.

9.2   Wir wollen nun einen allgemeinen Satz der
Ergodentheorie vorstellen.

<u>DEFINITION</u>: Eine Folge $(V_k)_{k\in\mathbb{N}}$ in $\mathcal{W}$ heiße
<u>stark regulär</u>, wenn ein $N\in\mathbb{N}$ und ein $\delta>0$ existieren mit

$(\,1\,)\quad V_k\subset W_k := \{t\in T : |t^i|\leq k\ (i=1,\dots,\nu)\}\ (k\in\mathbb{N})\ .$

$(\,2\,)$ Jedes V_k ist disjunkte Vereinigung von höchstens

$\quad\quad$ N achsenparallelen Quadern.

$(\,3\,)\quad |V_k|\ k^{-\nu}\geq\delta\ (k\in\mathbb{N})\ .$

<u>BEMERKUNG 1</u>: Jede stark reguläre Folge ist regulär.

BEWEIS: 1. Der kleinste Quader E_k mit $E_k\supset V_k$ ist in
W_k enthalten. Also ist $|E_k|^{-1}\,|V_k|\geq\delta\,k^\nu\,|W_k|^{-1}\geq\delta\,3^{-\nu}>0$.
2. Jedes V_k besitzt eine Darstellung $V_k = V_k^1\ \dots\ V_k^N$,
wobei jedes V_k^i ein (u.U. leerer) Quader ist, dessen Kanten $\leq 2k+1$ sind. Bestimme $n\leq N$ als die kleinste natürliche Zahl mit der Eigenschaft, daß für alle $i>n$ mindestens eine Kante von V_k^i im Limes $k\to\infty$ beschränkt bleibt.
Setze $R_k := \bigcup\limits_{i=n+1}^{N} V_k^i$. Dann gilt für jedes $h\in\mathbb{R}$

$$0\leq \lim_{k\to\infty}|V_k|^{-1}\,|R(h,V_k)|\leq \sum_{i=1}^{n}\ \lim_{k\to\infty}\ |V_k^i|^{-1}|R(h,V_k^i)| +$$

$$+\ \delta^{-1}\lim_{k\to\infty} k^{-\nu}|R(h,R_k)|\ =\ 0\ .\quad\quad\quad\text{QED.}$$

Wir führen folgende Bezeichnung ein: Ist $\varphi:\mathcal{W}\to\mathbb{R}$
eine beliebige Funktion, so wollen wir sagen, der spezi-
elle thermodynamische Limes   sth-lim $\varphi\,(V)$ existiere,
wenn für jede stark reguläre Folge $(V_k)_{k\in\mathbb{N}}$ der Limes
$\lim\limits_{k\to\infty}\varphi\,(V_k)$ existiert und von der Wahl der Folge unabhängig ist. Es gilt nun folgender

<u>SATZ</u> :   Sei $(\Omega,\mathfrak{G},m)$ ein endlicher Maßraum und
$(T_t)_{t\in T}$ eine ν-dimensionale diskrete Gruppe von umkehrbar eindeutigen maßtreuen Transformationen von Ω auf
sich. Sei ferner f eine bezüglich m integrierbare

Funktion auf Ω . Dann existiert P-fastsicher

$$\text{sth-lim } |V|^{-1} \sum_{t \in V} f \cdot T_t \ = \ E^{\mathcal{J}}(f) \ .$$

Dabei ist $E^{\mathcal{J}}(f)$ die bedingte Erwartung von f unter der σ-Algebra $\mathcal{J}$ der m-fastsicher $(T_t)_{t \in T}$ - invarianten Mengen in $\mathcal{B}$.

Dies ist Theorem 5 in der Arbeit von H.R.PITT: Some generalisations of the ergodic theorem. Proc. of the Cambridge Phil.Soc. 38 (1942),325-343 .

BEMERKUNG 2:   Ist in der Situation des Satzes das Maß m ergodisch, so ist $\mathcal{J}$ modulo m die triviale σ-Algebra $\{\Omega, \emptyset\}$ und $E^{\mathcal{J}}(f) = E(f) := \int f \, dm$.

9.3   Wir sind nun an einer Charakterisierung der Extremalpunkte von $\mathcal{G}_0$ interessiert.

DEFINITION: (a) $P \in p\mathcal{F}$ heiße <u>schwach regulär</u>, wenn es für alle $A \in \mathcal{F}$ die Eigenschaft

$$\lim_{\substack{W \nearrow T \\ W \text{ Kubus}}} \ \limsup_{\substack{V \nearrow T \\ V \in \mathcal{W}}} \ \sup_{B \in \mathcal{F}_{\overline{V}}} \ \Big| |W|^{-1} \sum_{t \in W} P(A \cap B^t) - P(A)P(B) \Big| = 0 \tag{1}$$

besitzt.

(b) $P \in p_0\mathcal{F}$ heiße <u>ergodisch</u>, wenn für alle $A \in \mathcal{F}$ gilt: $A = A^t \bmod P \ (t \in T) \ \Rightarrow \ P(A) \in \{0,1\}$.

BEMERKUNGEN: (a) $P \in p\mathcal{F}$ ist genau dann schwach regulär, wenn (1) für alle $A \in \mathcal{F}_0$ erfüllt ist.

(b)   Ist $P \in p_0\mathcal{F}$ regulär, so ist P auch schwach regulär.

(c)   Für $P \in p_0\mathcal{F}$ sind folgende Aussagen äquivalent:

(i)   P ist schwach regulär

(ii)   P ist ergodisch

(iii)   Für alle $A \in \mathcal{F}$ ist

$$\text{sth-lim } \sup_{B \in \mathcal{F}} \Big| |V|^{-1} \sum_{t \in V} P(A \cap B^t) - P(A)P(B) \Big| = 0 \ .$$

BEWEIS: "(a)" gilt aus dem gleichen Grund wie Bemerkung 9.1 .

"(b)": Seien $P \in p_o \mathcal{C}$ regulär, $W \in \mathcal{U}$ und $A \in \mathcal{C}$. Dann ist

$$0 \leq \limsup_{V \nearrow T} \; \sup_{B \in \mathcal{C}_{\overline{V}}} \Big| \, |W|^{-1} \sum_{t \in W} P(A \cap B^t) - P(A)P(B) \Big| \leq$$

$$\leq |W|^{-1} \sum_{t \in W} \limsup_{V \nearrow T} \sup_{B \in \mathcal{C}_{\overline{V}^t}} \big| P(A \cap B) - P(A)P(B) \big| = 0 \; .$$

Dies impliziert die schwache Regularität von P.

"(c)": Zum Beweis von "(i) $\Rightarrow$ (ii)" zeigen wir zuerst, daß für alle $S \in \{S_t : t \in T\}$ und alle $A,B \in \mathcal{C}$ die Beziehung

$$\lim_{W \text{ Kubus} \nearrow T} \; \limsup_{k \nearrow \infty} \Big| \, |W|^{-1} \sum_{t \in W} P(A \cap S^k(B^t)) - P(A)P(B) \Big| = 0 \quad (\, 2 \,)$$

richtig ist. Für $B \in \mathcal{C}_o$, $A \in \mathcal{C}$ folgt dies unmittelbar aus (i). Da nun aber bei festem $A \in \mathcal{C}$ die Menge aller (2) erfüllenden $B \in \mathcal{C}$ einen Dynkinkörper bildet, gilt (2) sogar für alle $A,B \in \mathcal{C}$. Ist nun A mod P invariant, so erhält man aus (2) für $A = B$ die Gleichung $P(A) = P(A)^2$, welche (ii) beweist.

"(ii) $\Rightarrow$ (iii)": Sei $A \in \mathcal{C}$ beliebig. Wegen Satz 9.2 und 9.2 Bemerkung 2 ist dann für P-fastalle $c \in C$

$$\text{sth-lim} \Big| \, |V|^{-1} \sum_{t \in V} 1_A(c^t) - P(A) \Big| = 0 \; . \text{ Nach dem Satz von}$$

LEBESGUE folgt hieraus $0 \leq \text{sth-lim} \sup\limits_{B \in \mathcal{C}} \Big| \, |V|^{-1} \sum\limits_{t \in V} P(A \cap B^t) -$

$$- P(A)P(B) \Big| = \text{sth-lim} \sup_{B \in \mathcal{C}} \big| |V|^{-1} \sum_{t \in V} P(A^{-t} \cap B) - P(A)P(B) \big| \leq$$

$$\leq \text{sth-lim} \sup_{B \in \mathcal{C}} \int \Big| \, |V|^{-1} \sum_{t \in V} 1_{A^{-t}}(c) 1_B(c) - P(A) 1_B(c) \Big| \, P(dc)$$

$$\leq \text{sth-lim} \int \Big| \, |V|^{-1} \sum_{t \in V} 1_A(c^t) - P(A) \Big| \, P(dc) \; = 0 \; .$$

"(iii) $\Rightarrow$ (i)" ist trivial.   QED.

Durch eine Verfeinerung der Beweisidee zu 9.1 Lemma 1 können wir nun auch folgendes zeigen:

LEMMA : Ist $P \in \mathrm{ex}\,\mathcal{G}_0$, so ist P schwach regulär.

BEWEIS: Sei $P \in \mathcal{G}_0$ nicht schwach regulär. Dann existieren Objekte $A \in \mathcal{C}_0$, $\varepsilon > 0$ und eine Folge von Kuben $(W_k)_{k \in \mathbb{N}}$ in $\mathcal{W}$ mit $W_k \nearrow T$ $(k \nearrow \infty)$, ferner zu jedem $k \in \mathbb{N}$ eine Folge $(V_{k,j})_{j \in \mathbb{N}}$ in $\mathcal{W}$ mit $V_{k,j} \nearrow T$ $(j \nearrow \infty)$ und Mengen $B_{k,j} \in \mathcal{C}_{\overline{V}_{k,j}}$ derart, daß für alle $k, j \in \mathbb{N}$ die Ungleichung

$$\left|\ |W_k|^{-1} \sum_{t \in W_k} P(A \cap B_{k,j}^{t}) - P(A)\, P(B_{k,j})\ \right| \geqq \varepsilon \qquad (3)$$

erfüllt ist.

1. Wie im Beweis von 9.1 Lemma 1 zeigt man die Gültigkeit der Ungleichungen $\tfrac{\varepsilon}{2} \leqq P(B_{k,j}) \leqq 1 - \tfrac{\varepsilon}{2}$ $(k,j \in \mathbb{N})$. Man muß nur zusätzlich noch die Invarianz von P ausnutzen.

2. Wegen 1. sind die Wahrscheinlichkeiten

$$P^{k,j} := |W_k|^{-1} \sum_{t \in W_k} P(./B_{k,j}^{t}) \, , \quad Q^{k,j} := |W_k|^{-1} \sum_{t \in W_k} P(./C \setminus B_{k,j}^{t})$$

wohldefiniert, und infolge der Invarianz von P gilt

$$P = P(B_{k,j})\, P^{k,j} + (1 - P(B_{k,j}))\, Q^{k,j} \qquad (k,j \in \mathbb{N}) .$$

3. Wir halten jetzt k fest. Setze $X_j := T \setminus \bigcup_{t \in W_k} \overline{V}_{k,j}^{t}$ $(j \in \mathbb{N})$. Dann gilt $X_j \nearrow T$ $(j \nearrow \infty)$ und $X_j \cap \overline{V}_{k,j}^{t} = \emptyset$ $(t \in W_k)$, und für jedes $t \in W_k$ ist

$$P_{X_j}(./B_{k,j}^{t}) = \int q_{X_j/\overline{c}}\ P_{\overline{X}_j}(d\overline{c}/B_{k,j}^{t}) \in \underline{\mathrm{conv}}\ \mathcal{G}_{X_j} \, ,$$

also $P^{k,j} \in \pi_{X_j}^{-1}\, \underline{\mathrm{conv}}\ \mathcal{G}_{X_j}$. Genauso folgt

$$Q^{k,j} \in \pi_{X_j}^{-1}\, \underline{\mathrm{conv}}\ \mathcal{G}_{X_j} \, .$$

4. Sei k noch fest. O.B.d.A. sind die Folgen $(P(B_{k,j}))_{j \in \mathbb{N}}$, $(P^{k,j})_{j \in \mathbb{N}}$ und $(Q^{k,j})_{j \in \mathbb{N}}$ konvergent mit Limites $a_k \in [\tfrac{\varepsilon}{2}, 1 - \tfrac{\varepsilon}{2}]$, P^k bzw. Q^k . Es gilt $\{P^k, Q^k\} \subset \bigcap_{j \in \mathbb{N}} \pi_{X_j}^{-1}\, \underline{\mathrm{conv}}\ \mathcal{G}_{X_j} = \mathcal{G}$ und $P = a_k\, P^k + (1 - a_k)\, Q^k$.

5. O.B.d.A. sind die Folgen $(a_k)_{k \in \mathbb{N}}$, $(P^k)_{k \in \mathbb{N}}$ und $(Q^k)_{k \in \mathbb{N}}$ konvergent mit Limites $a \in]0,1[$, $\overline{P} \in \mathcal{G}$ bzw. $\overline{Q} \in \mathcal{G}$. Es ist $P = a \overline{P} + (1-a) \overline{Q}$.

6. Seien $B \in \mathcal{F}_0$ und $t \in T$. Dann ist wegen $\overline{P} \in \mathcal{G}_0$

$$0 \leq | \overline{P}(B) - \overline{P}(B^t)| = \lim_{k \to \infty} \lim_{j \to \infty} |W_k|^{-1} | \sum_{s \in W_k} [P(B/B_{k,j}^s) - $$

$$- P(B/B_{k,j}^{s-t})] | \leq \lim_{k \to \infty} |W_k|^{-1} |W_k \triangle W_k^{-t}| = 0 \quad , \text{ also}$$

$\overline{P} \in \mathcal{G}_0$. Genauso ergibt sich $\overline{Q} \in \mathcal{G}_0$.

7. Ungleichung (3) führt uns zu der Abschätzung

$$| P^{k,j}(A) - P(A)| \geq | |W_k|^{-1} \sum_{t \in W_k} P(A \cap B_{k,j}^t) - P(A)P(B_{k,j})|$$

$\geq \varepsilon$ und also $| \overline{P}(A) - P(A)| \geq \varepsilon$.

Als Resultat haben wir erhalten: P besitzt eine Darstellung $P = a \overline{P} + (1-a) \overline{Q}$ mit $a \in]0,1[$, $\overline{P}, \overline{Q} \in \mathcal{G}_0$ und $\overline{P} \neq P$. Dies ist gleichbedeutend mit $P \notin \text{ex } \mathcal{G}_0$. QED.

Aus dem Lemma und Bemerkung (c) ergibt sich das

<u>COROLLAR</u>: Ist $P \in \text{ex } \mathcal{G}_0$, so ist P ergodisch.

Setzt man das im Anschluß an Satz 8.5 zitierte Resultat und die Tatsache, daß F(.) affin linear ist, als bekannt voraus, so hat das Corollar auch folgenden

BEWEIS: Sei $P \in \text{ex } \mathcal{G}_0 \setminus \text{ex } p_0 \mathcal{C}$. Dann existieren P^1, $P^2 \in p_0 \mathcal{C}$ und $a \in]0,1[$ mit $P = aP^1 + (1-a)P^2$. P^1 und P^2 können nicht beide in $\mathcal{G}_0$ liegen, sei etwa $P^2 \notin \mathcal{G}_0$. Es folgt $-\chi(\mu,U) = F(P) = a F(P^1) + (1-a) F(P^2) >$ $> - a \chi(\mu,U) - (1-a)\chi(\mu,U) = -\chi(\mu,U)$. Dies ist ein Widerspruch. Also gilt $\text{ex } \mathcal{G}_0 \subset \text{ex } p_0 \mathcal{C}$, und die Extremalpunkte von $p_0 \mathcal{C}$ sind bekanntlich genau die ergodischen Zustände.   QED.

Darüber hinaus gilt nun aber sogar der

$\underline{\text{SATZ}}$: Für $P \in \mathcal{G}_0$ sind folgende Aussagen äquivalent:

(a) $P \in \text{ex } \mathcal{G}_0$

(b)   P ist ergodisch .

BEWEIS: Wir brauchen nur noch "(b) $\Rightarrow$ (a)" zu zeigen. Sei $P \in \mathcal{G}_0 \setminus \text{ex } \mathcal{G}_0$. Dann existieren $P^1, P^2 \in \mathcal{G}_0 \subset p_0 \mathcal{F}$, $a \in \,]0,1[$ mit $P = a\, P^1 + (1-a)\, P^2$ und $P^1 \neq P^2$. Es folgt $P \notin \text{ex } p_0 \mathcal{F}$, d.h. P ist nicht ergodisch.

$\hfill$ QED.

9.4   Die Ergodizität der extremalen invarianten Gleichgewichtszustände hat nun physikalisch anschauliche Aussagen zur Folge. Ist $P \in p \mathcal{F}$, so sei $L^1 = L^1(C , \mathcal{F} , P)$ die Menge der P-integrierbaren Funktionen auf C .

$\underline{\text{DEFINITION}}$:   Jeder Gleichgewichtszustand $P \in \text{ex } \mathcal{G}_0$ heiße $\underline{\text{reine (thermodynamische) Phase}}$.

Die Begründung dieser Definition liefert folgender Satz, welcher aussagt, daß jede globale Observable (d.h. jede Funktion in L^1, welche durch Mittelung über T entsteht) fastsicher konstant ist, wenn man einen Zustand $P \in \text{ex } \mathcal{G}_0$ zugrundelegt.

$\underline{\text{SATZ 1}}$:   Sei $P \in \text{ex } \mathcal{G}_0$ und $f \in L^1(C,\mathcal{F},P)$. Dann existiert für P-fastalle $c \in C$

$$\text{sth-lim } |V|^{-1} \sum_{t \in V} f(c^t) = \int f \, dP \ .$$

BEWEIS: Man braucht nur die Sätze 9.3 und 9.2 und 9.2 Bemerkung 2 anzuwenden. $\hfill$ QED.

Durch Spezialisierung des Satzes kommt man zu noch anschaulicheren Resultaten. Ist $X \in \mathcal{W}$ mit $0 \in X$, so bezeichne zu $c \in C$ und $V \in \mathcal{W}$

$$N(c,V;X) := \sum_{t \in V} \prod_{s \in X^t} c(s)$$

die Anzahl aller $|X|$-Tupel von Teilchen mit fester,
durch X bestimmter Konstellation der Lage, bei denen
ein gewisses 'erstes' Teilchen in V liegt, bei der
Konfiguration c .

COROLLAR: Sei $P \in ex\ \mathfrak{A}_0$. Dann existiert für alle
$X \in \mathfrak{N}$ mit $O \in X$ P-fastsicher der Limes

$$\text{sth-lim } |V|^{-1} N(.,V;X) = P_X(1) = r^P(X) \ .$$

Also ist bei einer reinen Phase nicht nur die Teilchendichte fastsicher konstant (dies ist der Fall
$X = \{O\}$), sondern auch die Häufigkeit jeder endlichen
Teilchenkonstellation.

BEWEIS: Setze im Satz 1 $f(c) := \prod\limits_{s \in X} c(s)$.
Dann erhält man $\text{sth-lim } |V|^{-1} N(.,V;X) = \int \prod\limits_{s \in X} c(s) dP(c)$
$= P\{c \in C : c(s) = 1 \ (s \in X)\} = P_X(1)$.   QED.

Zwei verschiedene reine Phasen sind getrennt. Dies
besagt

SATZ 2: Sind $P,Q \in ex\ \mathfrak{A}_0$ und $P \neq Q$, so besitzen P
und Q disjunkte, $\mathcal{F}_\infty$-meßbare Träger.

BEWEIS: Es existiert ein $X \in \mathfrak{N}$ mit $P_X(1) \neq Q_X(1)$.
Also sind die Mengen $\{c \in C : \text{sth-lim} |V|^{-1} N(c,V;X) = P_X(1)\}$
und $\{c \in C : \text{sth-lim} |V|^{-1} N(c,V;X) = Q_X(1)\}$ disjunkt. Wegen
$\text{sth-lim} |V|^{-1} N(c,V;X) = \text{sth-lim} |V \smallsetminus W|^{-1} N(c,V \smallsetminus W;X)$ $(W \in \mathfrak{N})$
liegen sie in $\mathcal{F}_\infty$. Aufgrund des Corollars sind sie
Träger von P bzw. Q .   QED.

9.5   Wir haben in § 5 die Existenz eines Phasenübergangs 1. Art für DOBRUŠIN-Potentiale U mit hinreichend
großem $\alpha_M(U)$ bewiesen. Wir können jetzt zeigen, daß
es für die gleichen Wechselwirkungspotentiale U auch
mindestens zwei reine Phasen gibt.

$\underline{\text{SATZ}}$:   Zu jedem $M \in \mathbb{N}$ gibt es ein $\alpha_M > 0$ und eine strikt isotone Surjektion $\Delta_M :]\alpha_M, \infty[\rightarrow]0,1[$ derart, daß für alle $U \in \mathbb{U}_D(M)$ mit $\alpha_M(U) > \alpha_M$ mindestens zwei reine Phasen $P, Q \in \operatorname{ex} \mathcal{G}_0(\hat{\mu}(U), U)$ existieren mit der Eigenschaft $\| P - Q \|_\infty \geqq \Delta_M(\alpha_M(U))$.

BEWEIS: Nach den Ergebnissen von Abschnitt 5.5 existieren zu $M \in \mathbb{N}$ ein $\alpha_M > 0$ und eine strikt antitone Surjektion $r_M :]\alpha_M, \infty[\rightarrow]0, \frac{1}{2}[$ derart, daß für alle $U \in \mathbb{U}_D(M)$ mit $\alpha_M(U) > \alpha_M$ die Ungleichungen

$$q_{V_k/\overline{0}}^{\hat{\mu}(U),U} \{ c \in C_{V_k} : c(t) = 1 \} \leqq r_M(\alpha_M(U))$$

$$q_{V_k/\overline{1}}^{\hat{\mu}(U),U} \{ c \in C_{V_k} : c(t) = 1 \} \geqq 1 - r_M(\alpha_M(U))$$

bei beliebigem $t \in V_k$ erfüllt sind. Dabei ist V_k ein beliebiger achsenparalleler Kubus mit Kantenlänge $k M$. Wähle die V_k speziell so, daß ihr Mittelpunkt vom Nullpunkt höchstens den Abstand $\frac{1}{2}$ hat. Dann gilt $V_k \nearrow T$ $(k \nearrow \infty)$. Sei nun $Q^{k,i} := q_{V_k/\overline{i}} \otimes \varepsilon_{\overline{i}} \in \pi_{V_k}^{-1} \mathcal{G}_{V_k}(\hat{\mu}(U),U)$ das Produktmaß, welches die GIBBS-Verteilung in V_k unter der Außenbedingung $\overline{i}$ und die Einheitsmasse $\varepsilon_{\overline{i}} \in p \Gamma_{\overline{V}_k'}$ im Punkt $\overline{i} \in C_{\overline{V}_k}$ als Faktoren besitzt $(k \in \mathbb{N}, i \in \{0,1\})$. Dann gilt für alle $t \in V_k$

$$Q^{k,0}_{\{t\}}(1) = Q^{k,0}_{V_k}((\pi^{V_k}_{\{t\}})^{-1}(1)) = q_{V_k/\overline{0}}\{ c \in C_{V_k} : c(t) = 1 \} \leqq$$

$\leqq r_M(\alpha_M(U))$ und $Q^{k,1}_{\{t\}}(1) \geqq 1 - r_M(\alpha_M(U))$. Andrerseits ist für $t \in \overline{V}_k$ $Q^{k,0}_{\{t\}}(1) = (\varepsilon_{\overline{0}})_{\{t\}}(1) = 0$ und $Q^{k,1}_{\{t\}}(1) = 1$. Als Resultat haben wir also, daß für die Mengen $A_0 := \{ P \in p\Gamma : P_{\{t\}}(1) \leqq r_M(\alpha_M(U)) \ (t \in T) \}$ und $A_1 := \{ P \in p\Gamma : P_{\{t\}}(1) \geqq 1 - r_M(\alpha_M(U)) \ (t \in T) \}$ die Relationen $Q^{k,i} \in A_i$ $(i \in \{0,1\})$ erfüllt sind.

Nun sind aber die Mengen A_o und A_1 $\|.\|_\infty$-abgeschlossen,
denn die Abbildungen $P \to P_{\{t\}}(1)$ sind wegen

$$| P_{\{t\}}(1) - Q_{\{t\}}(1)| \leq \| P_{\{t\}} - Q_{\{t\}}\|_{\{t\}} \leq n(\{t\}) \, \| P - Q \|_\infty$$

stetig. Da $p \subset$ kompakt ist, sind sie ebenfalls kompakt.
Die Folgen $(Q^{k,i})_{k \in \mathbb{N}}$ besitzen also konvergente Teil-
folgen, für deren Limites P^i die Relationen $P^i \in A_i$ erfüllt sind $(i \in \{o,1\})$. Ferner haben wir die Inklusion

$$\{P^o , P^1\} \subset \bigcap_{k \in \mathbb{N}} \pi_{V_k}^{-1} \underline{\text{conv}} \; \mathcal{G}_{V_k}(\hat{\mu}(U),U) = \mathcal{G}(\hat{\mu}(U),U).$$

Die Mengen $\mathcal{G}(\hat{\mu}(U),U) \cap A_i$ $(i \in \{0,1\})$ sind also nichtleer, ferner sind sie als Durchschnitt konvexer Mengen
konvex, und bei beliebigem $s \in T$ gilt für die im Beweis
von Satz 8.4 definierte Verteilung P^s die Beziehung
$P^s_{\{t\}}(1) = P_{\{s+t\}}(1)$ $(t \in T)$ und also die Implikation
$P \in A_i \Rightarrow P^s \in A_i$ $(s \in T)$. Das im Beweis von Satz 8.4 ge-
schilderte Verfahren garantiert uns somit die Existenz
zweier Verteilungen $Q^i \in A_i \cap \mathcal{G}_o(\hat{\mu}(U),U)$ $(i \in \{o,1\})$,
und es ist mit $\Delta_M := 1 - 2 \, r_M$

$$\| Q^1 - Q^o \|_\infty \geqslant | Q^1_{\{0\}}(1) - Q^0_{\{0\}}(1)| \geqslant \Delta_M(\alpha_M(U)) \; . \quad (\; 1 \;)$$

Dies impliziert nun aber die Existenz zweier Verteilungen
$P,Q \in \text{ex} \, \mathcal{G}_o(\hat{\mu}(U),U)$ mit $\| P - Q \|_\infty \geqslant \Delta_M(\alpha_M(U))$, denn
andernfalls würde aus dem Satz von CHOQUET ein Wider-
spruch zu $(\; 1 \;)$ erwachsen. Dies war nun aber unsere
Behauptung.   QED.

9.6   Wir untersuchen nun die Konsequenzen der
Tatsache, daß sich jedem translationsinvarianten
Gleichgewichtszustand eine mittlere Teilchendichte
zuordnen läßt. Als erstes wollen wir 8.5 Bemerkung 2
(a) in folgender Weise verschärfen:

BEMERKUNG 1:   Sei $P \in p_0\Gamma$. Dann existiert der Limes
$\varrho(.,P) := \text{sth-lim} \frac{N(.,V)}{|V|} = E^{\mathcal{I}}(N(.,\{0\}))$ P-fastsicher
und in der $L^1(C,\Gamma,P)$-Norm.

BEWEIS: Die Funktion $c \to c(0)$ ist integrierbar. Aus
Satz 9.2 erhält man daher, daß für P-fastalle $c \in C$ der
Limes $\text{sth-lim} |V|^{-1} \sum_{t \in V} c(t) = \varrho(c,P)$ existiert. Da
ferner die Familie $(\frac{N(.,V)}{|V|})_{V \in \mathfrak{W}}$ gleichgradig
integrierbar ist, folgt die Normkonvergenz in L^1 aus
einem bekannten Satz der Wahrscheinlichkeitstheorie. QED.

LEMMA 1:   Die Abbildung $P \to \varrho(P) = \int \varrho(.,P) \, dP$
ist auf $p_0\Gamma$ stetig. Es ist $\varrho(P) = P_{\{t\}}(1)$ $(t \in T, P \in p_0\Gamma)$.

BEWEIS: Nach Satz 9.2 und bekannten Eigenschaften
der bedinten Erwartung besteht für alle $P \in p_0\Gamma$ die
Gleichung $\varrho(P) = \text{th-lim} \int \frac{N(.,V)}{|V|} \, dP = \int \text{sth-lim} \frac{N(.,V)}{|V|} \, dP$
$= \int E^{\mathcal{I}}(N(.,\{0\})) \, dP = \int N(.,\{0\}) \, dP = P_{\{0\}}(1)$. Die Abbildung $P \to P_{\{0\}}(1)$ ist nun aber stetig.   QED.

LEMMA 2:   Ist $(\mu,U) \in \mathbb{R} \times \mathfrak{U}_{AS}$ und $P \in \mathcal{G}(\mu,U)$, so gilt
$\text{th-lim sup} \int \frac{N(.,V)}{|V|} \, dP \leq \varrho_+(\mu,U)$ und
$\text{th-lim inf} \int \frac{N(.,V)}{|V|} \, dP \geq \varrho_-(\mu,U)$.

BEWEIS: Sei $\varepsilon > 0$ beliebig. Nach Lemma 3.3 (b) gilt
dann für hinreichend große V, welche einer regulären
Folge entstammen,
$\int \frac{N(.,V)}{|V|} \, dP = \int E_{V/\bar{c}}^{\mu,U}(\frac{N(.,V)}{|V|}) \, P_{\bar{V}}(d\bar{c}) \leq \int (\varrho_+(\mu,U)+\varepsilon) \, dP_{\bar{V}}$
$= \varrho_+(\mu,U) + \varepsilon$ und genauso $\int \frac{N(.,V)}{|V|} \, dP \geq \varrho_-(\mu,U) + \varepsilon$.
Hieraus folgt die Behauptung.   QED.

SATZ :   Zu $(\mu,U) \in \mathbb{R} \times \mathfrak{U}_{AS}$ und $\varrho \in [0,1]$ sei
$\mathcal{G}_{0,\varrho} = \mathcal{G}_{0,\varrho}(\mu,U) := \{P \in \mathcal{G}_0(\mu,U) : \varrho(P) = \varrho\}$. Dann gilt:
(a) $\mathcal{G}_{0,\varrho}(\mu,U)$ ist konvex und kompakt.
(b) $\mathcal{G}_{0,\varrho}(\mu,U) \neq \emptyset \iff \varrho \in \text{PhTr}(\mu,U)$
(c) $\mathcal{G}_0(\mu,U) = \bigcup_{\varrho \in \text{PhTr}(\mu,U)} \mathcal{G}_{0,\varrho}(\mu,U)$.

BEWEIS: "(a)": Nach Lemma 1 ist die Funktion $P \to \varrho(P)$ auf $p_0 \mathcal{C}^-$ stetig, ferner ist sie affin linear. Also ist $\mathcal{G}_{0,\varrho} = \varrho^{-1}(\varrho) \cap \mathcal{G}_0$ konvex und abgeschlossen, also auch kompakt.

"(b)": "$\Rightarrow$" folgt sofort aus Lemma 2. Zum Beweis von "$\Leftarrow$" zeigen wir zuerst, daß stets $\mathcal{G}_{0,\varrho_-} \neq \emptyset$ ist. Da $\varrho_-(.,U)$ fastüberall auf $\mathbb{R}$ stetig ist, existiert eine Folge $(\mu_n)_{n \in \mathbb{N}}$ in $\mathbb{R}$ mit $\mu_n \nearrow \mu$ ($n \nearrow \infty$) und $\varrho_-(\mu_n,U) = \varrho_+(\mu_n,U)$. Es gilt $\varrho_-(\mu_n,U) \nearrow \varrho_-(\mu,U)$ $(n \nearrow \infty)$. Wähle $P^n \in \mathcal{G}_0(\mu_n,U)$ beliebig. Nach Lemma 2 ist dann $\varrho(P^n) = \varrho_-(\mu_n,U)$ $(n \in \mathbb{N})$. Ferner besitzt die Folge $(P^n)_{n \in \mathbb{N}}$ eine konvergente Teilfolge, deren Limes P heiße. Nach Satz 8.6 ist $P \in \mathcal{G}(\mu,U)$, und wegen $P(A) = \lim\limits_{n \to \infty} P^n(A) = \lim\limits_{n \to \infty} P^n(A^t) = P(A^t)$ $(A \in \mathcal{C}_0, t \in T)$ gilt sogar $P \in \mathcal{G}_0(\mu,U)$. Aus Lemma 1 folgt nun schließlich die Gleichung

$$\varrho(P) = \lim_{n \to \infty} \varrho(P^n) = \lim_{n \to \infty} \varrho_-(\mu_n,U) = \varrho_-(\mu,U) \; , \text{ d.h.}$$

es gilt $P \in \mathcal{G}_{0,\varrho_-(\mu,U)}(\mu,U)$. In gleicher Weise zeigt man $\mathcal{G}_{0,\varrho_+(\mu,U)}(\mu,U) \neq \emptyset$. Ist $\varrho \in \mathrm{PhTr}(\mu,U)$, etwa $\varrho = a\,\varrho_- + (1-a)\varrho_+$, so wähle $P^{\pm} \in \mathcal{G}_{0,\varrho_\pm}$ und setze $P = a\,P^- + (1-a)\,P^+$. Dann ist $P \in \mathcal{G}_{0,\varrho}$.

"(c)" folgt unmittelbar aus (b).   QED.

<u>COROLLAR 1</u>: Für alle $(\mu,U) \in \mathbb{R} \times \mathfrak{U}_{AS}$ ist $\mathrm{ex}\,\mathcal{G}_0(\mu,U) \cap \mathcal{G}_{0,\varrho_\pm(\mu,U)}(\mu,U) \neq \emptyset$.

BEWEIS: Wäre etwa $\mathrm{ex}\,\mathcal{G}_0 \cap \mathcal{G}_{0,\varrho_-} = \emptyset$, so wäre $\varrho_- < \varrho(P)$ für alle $P \in \mathrm{ex}\,\mathcal{G}_0$ richtig, nach dem Satz von CHOQUET also sogar für alle $P \in \mathcal{G}_0$. Dies steht aber im Widerspruch zu Aussage (b) des Satzes.   QED.

<u>BEMERKUNG 2</u>: Sind P, $Q \in \mathcal{G}_0$ mit $|\varrho(P) - \varrho(Q)| \geq \alpha$, so ist $\| P - Q \|_\infty \geq \alpha$. Dies folgt unmittelbar aus Lemma 1 und der Ungleichung $|P_{\{0\}}(1) - Q_{\{0\}}(1)| \leq \| P - Q \|_\infty$.

Nach Satz 9.5 ist folgendes Corollar nicht mehr überraschend.

<u>COROLLAR 2</u>: Findet mit Parametern $(\mu, U) \in \mathbb{R} \times \mathfrak{U}_{AS}$ ein Phasenübergang 1. Art statt, so existieren mindestens zwei verschiedene reine Phasen $P, Q \in \mathrm{ex}\, \mathcal{G}_0(\mu, U)$ mit $\varrho(P) = \varrho_-(\mu, U)$, $\varrho(Q) = \varrho_+(\mu, U)$ und

$$\| P - Q \|_\infty \geq |\varrho_+(\mu, U) - \varrho_-(\mu, U)| \ .$$

BEWEIS: Die Behauptung folgt unmittelbar aus Corollar 1 und Bemerkung 2.   QED.

§ 10

Gleichgewichtszustände bei negativer Wechelwirkung

10.1 Grundlegend für diesen Paragraphen ist eine allgemeine Ungleichung für endliche Verbände, die wir zuerst herleiten wollen. Sei L eine endliche nichtleere Menge, welche durch eine Relation " $\leq$ " halbgeordnet ist. L heißt ein endlicher __Verband__, wenn je zwei Elemente $x,y \in L$ ein Supremum $x \vee y$ und ein Infimum $x \wedge y$ besitzen. Eine Teilmenge L' des Verbandes L heißt ein __Unterverband__, wenn die Verbandsoperationen " $\vee$ " und " $\wedge$ " nicht aus ihr herausführen. Die __Länge__ $l(L)$ des Verbandes L wird definiert durch $l(L) := \max\{|K|-1 : K \subset L, K \text{ linear geordnet}\}$. Das kleinste Element von L werde mit o und sein größtes mit e bezeichnet. Ist $o \neq a \in L$ und gilt $o \neq x \leq a \Rightarrow x = a \ (x \in L)$, so heißt a ein __Atom__. Ist $|L| \geq 2$, so ist $l(L) \geq 1$, und L besitzt mindestens ein Atom. Der Verband L heißt __distributiv__, wenn eine der beiden äquivalenten Aussagen

$$x \wedge (y \vee z) = (x \wedge y) \vee (x \wedge z) \qquad (x,y,z \in L)$$

$$x \vee (y \wedge z) = (x \vee y) \wedge (x \vee z) \qquad (x,y,z \in L)$$

erfüllt ist. L heißt __komplementär__, wenn zu jedem $x \in L$ ein $\bar{x} \in L$ existiert mit $x \wedge \bar{x} = o$ und $x \vee \bar{x} = e$. Ist L distributiv und komplementär, so heißt L ein __Boole-Verband__.

__LEMMA__ : Sei L ein endlicher Boole-Verband mit einem Atom a. Setze $A^1 := \{x \in L : x \geq a\}$ und $A^o := L \smallsetminus A^1$. Dann gilt:

(1) $A^o = \{x \in L : x \wedge a = o\} = \{x \in L : x \leq \bar{a}\}$

(2) A^1 und A^o sind endliche Boole-Verbände

(3) Die Abbildung $x \to x \vee a$ von A^o nach A^1 ist bijektiv mit der Umkehrabbildung $y \to y \wedge \bar{a}$ und definiert einen Verbandsisomorphismus.

$$(4) \quad l(A^1) = l(A^0) \leqq l(L) - 1$$

BEWEIS: "(1)": Ist $x \in A^0$, also $a \nleqq x$, so folgt $x \wedge a \nleqq a$, also $x \wedge a = o$, da a ein Atom ist. Umgekehrt impliziert die Gleichung $x \wedge a = o$ wieder die Relation $x \in A^0$. Ist weiter $x \wedge a = o$, so hat man die Beziehung

$$x \vee \bar{a} = (x \wedge (a \vee \bar{a})) \vee \bar{a} = ((x \wedge a) \vee (x \wedge \bar{a}) \vee \bar{a} =$$
$$= (x \wedge \bar{a}) \vee \bar{a} = \bar{a}$$

und also $x \leqq x \vee \bar{a} = \bar{a}$. Umgekehrt folgt aus $x \vee \bar{a} = \bar{a}$ die Gleichung $x \wedge a = (x \vee (a \wedge \bar{a})) \wedge a =$
$$= ((x \vee a) \wedge (x \vee \bar{a})) \wedge a = ((x \vee a) \wedge \bar{a} \wedge a = (x \vee a) \wedge o = o.$$

"(2)": Sind $x, y \in A^1$, so folgt sofort $x \wedge y \geqq a$ und $x \vee y \geqq a$, also ist A^1 ein Unterverband von L und somit auch distributiv. Sein Nullelement ist a und sein Einselement e. Zu $x \in A^1$ setze $\bar{x}^1 := \bar{x} \vee a$. Dann ist $\bar{x}^1 \in A^1$, und es gilt $x \wedge \bar{x}^1 = (x \wedge \bar{x}) \vee (x \wedge a) = o \vee a = a$ und $x \vee \bar{x}^1 = x \vee \bar{x} \vee a = e$. Also ist A^1 auch komplementär. Sind $x, y \in A^0$, so folgt $x \wedge a = o = y \wedge a$ und also $(x \wedge y) \wedge a = x \wedge (y \wedge a) = x \wedge o = o$ und $(x \vee y) \wedge a =$
$$= (x \wedge a) \vee (y \wedge a) = o \vee o = o.$$
Also ist A^0 ein Unterverband von L und daher auch distributiv. Sein Nullelement ist o und sein Einselement $\bar{a}$. Zu $x \in A^0$ setze $\bar{x}^0 := \bar{x} \wedge \bar{a}$. Dann ist $\bar{x}^0 \leqq \bar{a}$, also $\bar{x}^0 \in A^0$, und es gilt $x \vee \bar{x}^0 =$
$$= x \vee (\bar{x} \wedge \bar{a}) = (x \vee \bar{x}) \wedge (x \vee \bar{a}) = e \wedge \bar{a} = \bar{a}$$ und
$$x \wedge \bar{x}^0 = x \wedge \bar{x} \wedge \bar{a} = o \wedge \bar{a} = o.$$
A^0 ist also auch komplementär.

"(3)": Für $x \in A^0$ ist $(x \vee a) \wedge \bar{a} = (x \wedge \bar{a}) \vee (a \wedge \bar{a}) =$
$$= x \vee o = x$$ und für $y \in A^1$ ist $(y \wedge \bar{a}) \vee a = (y \vee a) \wedge e = y$. Dies impliziert die Bijektivitätsaussage. Die Vertauschbarkeit der Abbildungen mit den Verbandsoperationen ist eine

Folge der Distributivität.

"(4)": Aus Isomorphiegründen ist $1(A^0) = 1(A^1)$. Ist K eine linear geordnete Menge in A^1, so ist $K \cup \{o\}$ eine solche in L . Es ist also $1(A^1) + 1 \leq 1(L)$.   QED.

<u>DEFINITION</u>: Sei L ein Verband. Eine reelle Funktion f auf L heißt

(a) <u>isoton</u>, falls für alle $x,y \in L$ die Implikation
$$x \leq y \implies f(x) \leq f(y) \text{ richtig ist, und}$$

(b) <u>antiton</u>, falls $-f$ isoton ist. Sie heißt

(c) <u>konvex</u>, wenn für alle $x,y \in L$ die Ungleichung
$$f(x \vee y) \, f(x \wedge y) \, \geq \, f(x) \, f(y)$$

erfüllt ist.

Ist L endlich und p ein Maß auf $\mathcal{P}(L)$, so heißt p konvex, wenn die Funktion $x \to p(x) = p(\{x\})$ auf L konvex ist. Ist f eine reelle Funktion auf L , so bezeichne
$$E(f) = E_p(f) := \sum_{x \in L} f(x) \, p(x)$$

den Erwartungswert von f unter p. Ist $A \subset L$, so bezeichne 1_A die Indikatorfunktion von A und $1 := 1_L$ die konstante Funktion mit dem Wert 1 .

<u>SATZ</u> :   Sei L ein endlicher Boole-Verband und p ein (o.B.d.A. strikt) positives konvexes Maß auf L . Sind f und g reelle Funktionen auf L, welche beide isoton oder beide antiton sind, so gilt
$$E(1) \, E(f g) \, - \, E(f) \, E(g) \, \geq \, 0 \ .$$
Ist eine der Funktionen f und g isoton und die andere antiton, so gilt die entgegengesetzte Ungleichung.

Dieser Satz bleibt richtig, wenn man nur voraussetzt, daß L ein endlicher distributiver Verband ist (vgl. [FGK] und [H]).

BEWEIS durch Induktion über l(L) :

1. Ist l(L) = 0 , so ist $|L| = 1$ und daher die Behauptung des Satzes trivialerweise richtig.

2. Zum Beweis des Induktionsschrittes sei $l(L) \geqslant 1$. Dann existiert ein Atom a in L . Betrachte die im Lemma definierten Unterverbände A^0 und A^1 und die (ebenfalls konvexen) Maße $p^i := p\,|_{A^i}$ ($i \in \{o,1\}$) auf A^i , ferner bezeichne E^i den Erwartungswert bezüglich p^i . Es gilt dann $E = E^0 + E^1$. Das Lemma garantiert uns nun, daß wir auf E^0 und E^1 die Induktionsvoraussetzung anwenden können, was zu der Ungleichung

$$\triangle \; := \; E(fg)\,E(1) - E(f)\,E(g) \;\geqslant$$

$$\geqslant \; \sum_{i=0}^{1} \left[E^i(fg)\,E^{1-i}(1) - E^i(f)\,E^{1-i}(g) \right]$$

führt. Nochmalige Anwendung der Induktionsvoraussetzung liefert uns die Abschätzung

$$\triangle \;\geqslant\; \sum_{i=0}^{1} \left[\frac{E^i(f)\,E^i(g)\,E^{1-i}(1)}{E^i(1)} - E^i(f)\,E^{1-i}(g) \right]$$

$$=\; \sum_{i=0}^{1} \frac{E^i(f)E^i(g)(E^{1-i}(1))^2 - E^i(f)E^{1-i}(g)E^i(1)E^{1-i}(1)}{E^0(1)\,E^1(1)}$$

$$=\; \left[E^0(1)E^1(1) \right]^{-1} \left[E^1(f)E^0(1) - E^0(f)E^1(1) \right] \left[E^1(g)E^0(1) - E^0(g)E^1(1) \right].$$

Wir müssen also nur noch zeigen, daß für eine isotone Funktion f die Ungleichung $E^1(f)E^0(1) \geqslant E^0(f)E^1(1)$ erfüllt ist. Dazu beachte, daß die Konvexität von p für je zwei $x,y \in A^0$ mit $x \leqslant y$ die Ungleichung

$$p(y)\,p(x \vee a) \leqslant p(y \wedge (x \vee a))\,p(y \vee x \vee a) \;=$$

$$=\; p(o \vee (y \wedge x))\,p(y \vee a) \;=\; p(x)\,p(y \vee a)$$

impliziert. Die Funktion h auf A^0, definiert durch

$h(x) := \dfrac{p(x \vee a)}{p(x)}$ $(x \in A^0)$, ist daher isoton. Ferner ist

die Funktion f' auf A^0, definiert durch $f'(x) = f(x \vee a)$

$(x \in A^0)$, isoton, da f auf A^1 isoton ist. Schließlich ist

$f \leqq f'$ auf A^0. Die Induktionsannahme impliziert also die

gewünschte Ungleichung

$$E^1(1)\, E^0(f) \leqq E^0(h)\, E^0(f') \leqq E^0(1)\, E^0(h\,f') = E^0(1)\, E^1(f).$$

$$\text{QED.}$$

Ist $V \subset T$ und C_V in der üblichen Weise durch

$$c \leqq d \;:\Leftrightarrow\; c(t) \leqq d(t)\;(t \in V) \;\Longleftrightarrow\; M(c) \subset M(d)$$

halbgeordnet, so wird C_V zu einem Boole-Verband. Die An-

wendung unseres Satzes auf diese Situation liefert das

<u>COROLLAR</u>:   Seien $0 \geqq U \in \mathfrak{U}_{AS}$ und $\mu \in \mathbb{R}$ beliebig,

seien ferner $V \in \mathfrak{P}$, $\bar{c} \in C_{\overline{V}}$ und bezeichne $E_{V/\bar{c}}^{\mu,U}$ den Er-

wartungswert bezüglich der GIBBS-Verteilung $q_{V/\bar{c}}$.

Dann hat man für je zwei isotone (bzw. antitone) reelle

Funktionen f und g auf C_V die Ungleichung

$$E_{V/\bar{c}}(f\,g) \;\geqq\; E_{V/\bar{c}}(f)\, E_{V/\bar{c}}(g) \quad .$$

BEWEIS: Wir müssen nur zeigen, daß für $U \leqq 0$ die

Maße $q_{V/\bar{c}}$ konvex sind. Nun ist aber für je zwei $c,d \in C_V$

$$\frac{q_{V/\bar{c}}(c \vee d)\, q_{V/\bar{c}}(c \wedge d)}{q_{V/\bar{c}}(c)\, q_{V/\bar{c}}(d)} \;=$$

$$=\; \exp\left[-\,U_{V/\bar{c}}(c \vee d) - U_{V/\bar{c}}(c \wedge d) + U_{V/\bar{c}}(c) + U_{V/\bar{c}}(d)\right]$$

$$=\; \exp\left[-\sum_{s \in M(c)\setminus M(d),\, t \in M(d)\setminus M(c)} U(s-t)\right] \;\geqq\; 1 \quad . \quad \text{QED.}$$

1o.2   Die bewiesene sogenannte Korrelationsungleichung

hat einige weitreichende Konsequenzen, denen wir uns nun

zuwenden wollen. Zu $V \in \mathfrak{P}$, $X \subset V$ und $c \in C_X$ betrachten wir die Funktion

$$1_{X,c}(d) = 1^V_{X,c}(d) := \begin{cases} 1 & \text{, falls } d_X = c \\ 0 & \text{ sonst} \end{cases} \quad (d \in C_V)$$

auf C_V . Stets ist $1_{X,1}$ isoton und $1_{X,0}$ antiton.

DEFINITION: Die durch

$$r_{V/\bar{c}}(X) = r^{\mu,U}_{V/\bar{c}}(X) := E^{\mu,U}_{V/\bar{c}}(1_{X,1})$$

definierten Funktionen $r_{V/\bar{c}}$ auf $\mathcal{P}(V)$ ($\bar{c} \in C_{\bar{V}}$, $V \in \mathcal{W}$)
heißen Korrelationsfunktionen (zu den Parametern (μ,U)
$\in \mathbb{R} \times \mathbb{U}_{AS}$). $r_{V/\bar{c}}(X)$ ist also die Wahrscheinlichkeit
unter $q_{V/\bar{c}}$ des Ereignisses, daß mindestens alle Punkte
von X mit einem Teilchen besetzt sind.

Zu $X \in \mathcal{W}$, $\bar{c} \in C_{\bar{X}}$, $Y \subset T$ und $U \in \mathbb{U}_{AS}$ setzen wir

$$u_{X,Y}(c,d) := \sum_{s \in X, t \in Y} c(s)\, d(t)\, U(s-t) \quad (c \in C_X,\ d \in C_Y)$$

und betrachten die Funktionen $h_{X,Y} := \exp[-u_{X,Y}]$ auf
$C_X \times C_Y$ und $h_{X/\bar{c}} := h_{X,\bar{X}}(\cdot,\bar{c})$ auf C_X . Ist $U \leq 0$, so ist
$h_{X,Y}$ (und also auch $h_{X/.}$) in jeder Variable isoton.

LEMMA :   Seien $\mu \in \mathbb{R}$ und $0 \geq U \in \mathbb{U}_{AS}$. Seien ferner
$X \subset V \subset W \in \mathcal{W}$ und $\bar{a}, \bar{c} \in C_{\bar{V}}$ mit $\bar{a} \leq \bar{c}$. Dann hat man
die Ungleichungen

$$r_{V/\bar{a}}(X) \leq r_{V/\bar{c}}(X)$$
$$r_{V/0}(X) \leq r_{W/0}(X) \leq r_{W/1}(X) \leq r_{V/1}(X) \ .$$

BEWEIS :   Für $\bar{a} \leq \bar{c}$ ist $\bar{c} - \bar{a} \in C_{\bar{V}}$ und also
$h_{V/\bar{c}-\bar{a}}$ isoton. Corollar 1o.1 impliziert daher

$$r_{V/\bar{c}}(X) = E_{V/\bar{c}}(1_{X,1}) = \frac{E_{V/\bar{a}}(1_{X,1}\, h_{V/\bar{c}-\bar{a}})}{E_{V/\bar{a}}(h_{V/\bar{c}-\bar{a}})} \geq$$

$$\geq E_{V/\bar{a}}(1_{X,1}) = r_{V/\bar{a}}(X) \ .$$

Aus Gleichung 8.2 (3) erhält man weiter

$$r_{V/0}(X) = \sum_{c \in C_V} 1_{X,1}(c) \; \frac{q_{W/0}(c,0)}{\sum_{d \in C_V} q_{W/0}(d,0)} \quad =$$

$$= \frac{E_{W/0}(1_{X,1} \, 1_{W \smallsetminus V,0})}{E_{W/0}(1_{W \smallsetminus V,0})} \quad \leq \quad E_{W/0}(1_{X,1}) = r_{W/0}(X)$$

und

$$r_{V/1}(X) = \frac{E_{W/1}(1_{X,1} \, 1_{W \smallsetminus V,1})}{E_{W/1}(1_{W \smallsetminus V,1})} \quad \geq \quad E_{W/1}(1_{X,1}) = r_{W/1}(X).$$

QED.

<u>SATZ</u> : Sind $\mu \in \mathbb{R}$ und $0 \ni U \in \mathfrak{U}_{AS}$, so werden durch

$$P_X^-(1) := \lim_{V \nearrow T} r_{V/0}(X)$$

$$P_X^+(1) := \lim_{V \nearrow T} r_{V/1}(X)$$

zwei Zustände P^-, $P^+ \in \mathcal{G}_\infty(\mu,U) \cap \mathcal{G}_0(\mu,U)$ definiert, und es gilt $P_X^-(1) \leq P_X^+(1)$ $(X \in \mathfrak{W})$, $\varrho(P^-) = \varrho_-(\mu,U)$, $\varrho(P^+) = \varrho_+(\mu,U)$.

BEWEIS: 1. Die Existenz der Limiten ist eine unmittelbare Konsequenz aus dem Lemma. Da sie von der Wahl der Folge unabhängig und die Korrelationsfunktionen $r_{V/\bar{c}}(X)$ gegenüber gleichzeitiger Translation von V und X unempfindlich sind, sind auch die Korrelationsfunktionen $r^{P^-} = P_\cdot^-(1)$ und $r^{P^+} = P_\cdot^+(1)$ translationsinvariant, gemäß Formel 8.1 (1') also auch P^- und P^+ . Genauer liefert diese Formel die Konvergenz und Identität von

$$P_X^+(c) = \lim_{V \nearrow T} E_{V/1}(1_{X,c})$$

$$P_X^-(c) = \lim_{V \nearrow T} E_{V/0}(1_{X,c}) \qquad\qquad (X \in \mathfrak{W}, c \in C_X) \quad .$$

Wegen $\displaystyle\sum_{c \in C_X} 1_{X,c} = 1$ und $\displaystyle\sum_{d \in C_{Y \smallsetminus X}} 1_{Y,(c,d)} = 1_{X,c}$ $(X \subset Y)$

sind die Systeme $(P_X^+)_{X \in \mathfrak{W}}$ und $(P_X^-)_{X \in \mathfrak{W}}$ projektive

Systeme von Wahrscheinlichkeitsverteilungen. Sie definieren daher zwei Zustände P^+, $P^- \in p_0\Gamma$. Das Lemma impliziert die Ungleichung $r^{P^-} \leq r^{P^+}$, und P^- und P^+ sind Limes
der Maße $q_{V/0} \cdot \varepsilon_0 \in \pi_V^{-1} \mathcal{G}_V$ bzw. $q_{V/1} \cdot \varepsilon_1 \in \pi_V^{-1} \mathcal{G}_V$,
liegen also in $\mathcal{G}_\infty$. Dabei haben wir mit $\varepsilon_{\bar{c}} \in p\Gamma_V$ die
Einheitsmasse im Punkt $\bar{c} \in C_{\overline{V}}$ bezeichnet.

2. Sei $(\mu_k)_{k \in \mathbb{N}}$ eine isotone Folge in $\mathbb{R}$ mit $\lim\limits_{k \to \infty} \mu_k$
$= \mu$ und $\varrho_-(\mu_k, U) = \varrho_+(\mu_k, U)$. Bezeichne $r^k_{V/0}$ die Korrelationsfunktion zu (μ_k, U) $(k \in \mathbb{N})$. Corollar 1o.1 liefert
uns für jedes $X \subset V \in \mathcal{V}$ die Ungleichung

$$\frac{\partial}{\partial \mu} r_{V/0}(X) = E_{V/0}(1_{X,1} N(\cdot,V)) - E_{V/0}(1_{X,1}) E_{V/0}(N(\cdot,V))$$
$$\geq 0 \qquad \text{und also die Aussage}$$

$$r^k_{V/0} \nearrow r_{V/0} \quad \text{punktweise} \; (k \nearrow \infty) \; .$$

Nun ist $\varrho(P^-) = P^-_{\{0\}}(1) = r^{P^-}(\{0\}) = \lim\limits_{V \nearrow T} \lim\limits_{k \nearrow \infty} r^k_{V/0}(\{0\})$,
und aus Monotoniegründen sind die Limites vertauschbar.
Wir erhalten also aus 9.6 Lemma 2 die Gleichung

$$\varrho(P^-) = \lim\limits_{k \nearrow \infty} \lim\limits_{V \nearrow T} r^k_{V/0}(\{0\}) = \lim\limits_{k \nearrow \infty} \varrho_-(\mu_k, U) = \varrho_-(\mu, U) \; .$$

Genauso beweist man die Gleichung $\varrho(P^+) = \varrho_+(\mu, U)$. QED.

1o.3   Wir haben in Abschnitt 3.5 für negative Wechselwirkung U nachweisen können, daß $\chi(\cdot, \beta U)$ im Komplement
einer Halbgeraden in der (μ, β)-Halbebene analytisch ist.
Wir wollen nun zeigen, daß für all diese Parameterwerte
nur ein einziger Gleichgewichtszustand existiert, und zwar
bereits dann, wenn $\chi(\cdot, \beta U)$ nur differenzierbar ist.

<u>SATZ</u> : Für $\mu \in \mathbb{R}$ und $0 \geq U \in \mathfrak{U}_{AS}$ sei $\varrho_-(\mu, U) = \varrho_+(\mu, U)$.
Dann ist $P^- = P^+$ und $\mathcal{G}(\mu, U) = \{P^-\}$.

BEWEIS: 1. Nach Voraussetzung gilt für alle $t \in T$

$$P_{\{t\}}^{-}(1) = \varsigma(P^{-}) = \varsigma_{-}(\mu, U) = \varsigma_{+}(\mu, U) = P_{\{t\}}^{+}(1) \ .$$

2. Wir nehmen an, für ein $X \in \mathcal{V}$ mit $|X| \geq 2$ wäre $P_{X}^{-}(1) \neq P_{X}^{+}(1)$, also nach Satz 1o.2 $d := P_{X}^{+}(1) - P_{X}^{-}(1) > 0$. Bestimmes ein $t \in X$ und setze $Y := X \setminus \{t\} \neq \emptyset$. 1_{Y} bezeichne die Konfiguration, bei der genau Y mit Teilchen besetzt ist. Dann ist für jedes $P \in p\Gamma$

$$P_{Y}(1) = P_{X}(1) + P_{X}(1_{Y}) \ ,$$

ferner ist $P_{X}^{-}(1_{Y}) = \lim_{V \nearrow T} E_{V/0}(1_{Y,1} \, 1_{t,0})$ und

$P_{X}^{+}(1_{Y}) = \lim_{V \nearrow T} E_{V/1}(1_{Y,1} \, 1_{t,0})$. Dabei ist $1_{t,0} = 1_{\{t\},0}$ gesetzt. Für $V \in \mathcal{V}$ und $W := V \setminus \{t\}$ impliziert nun Corollar 1o.1 die Ungleichung

$$\frac{Z_{V/0} \, E_{V/0}(1_{Y,1} \, 1_{t,0})}{Z_{V/1} \, E_{V/1}(1_{Y,1} \, 1_{t,0})} = \frac{E_{W/0}(1_{Y,1})}{E_{W/0}(1_{Y,1} \, h_{W,\overline{V}}(\cdot,1))} \leq$$

$$\leq \frac{1}{E_{W/0}(h_{W,\overline{V}}(\cdot,1))} = \frac{Z_{V/0} \, E_{V/0}(1_{t,0})}{Z_{V/1} \, E_{V/1}(1_{t,0})}$$

und also

$$\frac{P_{X}^{-}(1_{Y})}{P_{X}^{+}(1_{Y})} = \lim_{V \nearrow T} \frac{E_{V/0}(1_{Y,1} \, 1_{t,0})}{E_{V/1}(1_{Y,1} \, 1_{t,0})} \leq$$

$$\leq \lim_{V \nearrow T} \frac{E_{V/0}(1_{t,0})}{E_{V/1}(1_{t,0})} = \frac{P_{\{t\}}^{-}(0)}{P_{\{t\}}^{+}(0)} = 1 \ .$$

Dies hat die Ungleichung

$$P_{Y}^{+}(1) - P_{Y}^{-}(1) = P_{X}^{+}(1) - P_{X}^{-}(1) + P_{X}^{+}(1_{Y}) - P_{X}^{-}(1_{Y})$$
$$\geq d > 0$$

zur Folge. Als Resultat haben wir also die Implikation

$$P_{Y}^{-}(1) = P_{Y}^{+}(1), \ X \supset Y \implies P_{X}^{-}(1) = P_{X}^{+}(1)$$

erhalten, welche zusammen mit 1. die Identität $r^{P^-} = r^{P^+}$

und also $P^- = P^+$ beweist.

3. Sind $X \in \mathcal{W}$ und $\varepsilon > 0$ beliebig, so folgt aus Lemma 1o.2,

daß für jedes $P \in \mathcal{G}$ bei hinreichend großem $V \in \mathcal{W}$ die

Ungleichung

$$r_{V/0}(X) \leq \int r_{V/\bar{c}}(X)\, P_{\bar{V}}(\,d\bar{c}\,) = P_X(1) \leq r_{V/1}(X) \leq$$
$$\leq r_{V/0}(X) + \varepsilon$$

erfüllt ist. Hieraus folgt $P_X(1) = P_X^-(1)$ und somit

$P = P^-$.   QED.

<u>DEFINITION</u>: Ein Zustand $P \in p_0 \mathcal{F}$ heißt <u>stark mischend</u>,
wenn für alle $A, B \in \mathcal{F}$ gilt:

$$\lim_{\|t\| \to \infty} P(A^t \cap B) = P(A)\, P(B) \, . \qquad (1)$$

<u>COROLLAR 1</u>: Ist für $\mu \in \mathbb{R}$ und $0 \gneq U \in \mathcal{U}_{AS}$ $\rho_-(\mu,U) =$
$= \rho_+(\mu,U)$, so ist $P^- = P^+$ ergodisch, regulär und stark
mischend.

BEWEIS: Es ist $\{P^-\} = \mathcal{G} = \mathcal{G}_0 = \text{ex}\, \mathcal{G} = \text{ex}\, \mathcal{G}_0$.
Nach Satz 9.1 und Satz 9.3 ist P^- ergodisch und regulär.
Da die Menge aller $A \in \mathcal{F}$ mit (1) ein Dynkinkörper ist,
genügt es, Eigenschaft (1) für alle $A \in \mathcal{F}_0$ nachzuweisen.
Ist $V \in \mathcal{W}$ beliebig und A etwa $\in \mathcal{F}_W$, so ist für hinrei-
chend großes $\|t\|$ $W^t \subset \bar{V}$ und also $A^t \in \mathcal{F}_{\bar{V}}$, so daß
sich (1) aus der Regularität von P^- ergibt.   QED.

<u>COROLLAR 2</u>: Seien $\mu \in \mathbb{R}$ und $0 \gneq U \in \mathcal{U}_{AS}$. Dann sind fol-
gende Aussagen äquivalent:

(a) $|\mathcal{G}(\mu,U)| > 1$

(b)   Für die Parameter (μ,U) findet ein Phasenüber-
          gang 1. Art statt.

(c) $|\,\text{ex}\,\mathcal{G}_0(\mu,U)| > 1$.

Interpretiert man die Extremalpunkte von $\mathcal{G}$ als Phasen im allgemeinsten Sinne (dazu wird man durch Satz 9.1 aufgefordert) und spricht von einem Phasenübergang (schlechthin, nicht notwendig 1. Art), wenn $|\mathrm{ex}\,\mathcal{G}| > 1$ ist, so bedeutet Corollar 2, daß für $U \leqslant 0$ jeder Phasenübergang ein Phasenübergang 1. Art ist.

BEWEIS: "(a) $\Rightarrow$ (b)" ist eine unmittelbare Konsequenz des Satzes, "(b) $\Rightarrow$ (c)" ist nach 9.6 Corollar 2 stets richtig, und "(c) $\Rightarrow$ (a)" ist trivial.   QED.

1o.4   Es erhebt sich nun die Frage, welches Aussehen die Menge aller invarianten Gleichgewichtszustände im Falle eines Phasenübergangs hat. Für das ISING-Modell können wir zeigen, daß dann höchstens zwei verschiedene reine Phasen existieren, nämlich genau P^- und P^+, daß also $\mathcal{G}_0 = [P^-,P^+]$ ist. In diesem Abschnitt treffen wir einige Vorbereitungen dazu. Aus Gründen der Anschaulichkeit beschränken wir uns auf den zweidimensionalen Fall, es sei also von nun an $\nu = 2$.

<u>LEMMA 1</u>: Sind $\mu \in \mathbb{R}$ und $0 \neq U \in \mathfrak{U}_{AS}$, so existiert eine Funktion D auf $\mathcal{W} \times \mathbb{R}_+$, welche in der ersten Variablen translationsinvariant ist und bei festem $X \in \mathcal{W}$ die Eigenschaften

(a) $D(X , d) \searrow 0 \quad (d \nearrow \infty)$

(b) $| r_{V/1}(X) - P_X^+(1) | \leqslant D(X , d(X,\bar{V}))$

(c) $| r_{V/0}(X) - P_X^-(1) | \leqslant D(X , d(X,\bar{V}))$ $(V \in \mathcal{W})$

aufweist, sofern nur $d(X , \bar{V})$ hinreichend groß ist. Dabei bezeichnet d die euklidische Metrik.

BEWEIS: Sei $W = W(X , d(X,\bar{V}))$ ein Quadrat, dessen Mittelpunkt ein fest vorgegebener Punkt von X ist und dessen Kantenlänge $\left[\frac{1}{\sqrt{2}}\, d(X,\overline{V})\right]^{-}$ beträgt ($[x]^{-}$ bezeichne die größte ganze Zahl $\leq x$). Dann ist $W \subset V$ und für hinreichend großes $d(X,\overline{V})$ auch $X \subset W$. Lemma 1o.2 impliziert daher

$$0 \leq r_{V/1}(X) - P_X^{+}(1) \leq r_{W/1}(X) - P_X^{+}(1) =: D_{+}(X, d(X,\overline{V}))$$
$$0 \geq r_{V/0}(X) - P_X^{-}(1) \geq r_{W/0}(X) - P_X^{-}(1) =: D_{-}(X, d(X,\overline{V})).$$

Betrachtet man die Definition von P^{+} und P^{-}, so erkennt man, daß $D := D_{+} + D_{-}$ das Verlangte leistet.   QED.

Wir betrachten nun wieder die Konstruktion von Kurven, die wir in § 4 durchgeführt haben. Seien V ein Quadrat der Seitenlänge $k \in \mathbb{N}$, $\overline{c} \in C_{\delta V}$ und $c \in C_V$. Wir bezeichnen mit $g_1(c/\overline{c})$ die Menge aller Kurven in $g(c/\overline{c})$ mit $V(g) \subset V$ und zugleich deren Gesamtlänge. Von den Polygonzügen, welche die Kurven in $g(c/\overline{c}) \smallsetminus g_1(c/\overline{c})$ beschreiben, entfernen wir die Teilstrecken, welche nicht zum Rand eines Kästchens $Q(t)$ mit $t \in V$ gehören. Die ursprünglich geschlossenen Polygonzüge zerfallen auf diese Weise in offene Polygonzüge, von denen jeder eine Punktmenge in T' beschreibt, welche wir offene Kurve nennen wollen. Deren Menge und gleichzeitig deren Gesamtlänge bezeichnen wir mit $g_0(c/\overline{c})$. Es besteht dann die Gleichung

$$g(c/\overline{c}) \;=\; g_0(c/\overline{c}) + g_1(c/\overline{c}) + \text{const} \qquad\qquad (1)$$

mit einer nur von $\overline{c}$ abhängigen Konstanten.

Die zu den offenen Kurven aus $g_0(c/\overline{c})$ gehörigen Polygonzüge zerlegen V in endlich viele disjunkte Teilmengen, deren Gesamtheit wir mit $V(c/\overline{c})$ bezeichnen wollen. Ferner bezeichne $A_{V/\overline{c}}$ die Menge aller Arrangements von offenen Kurven in V, welche mit $\overline{c}$ verträglich sind, d.h. wir

setzen $A_{V/\bar{c}} := \left\{ g_0(c/\bar{c}) : c \in C_V \right\}$. Zu $a \in A_{V/\bar{c}}$ betrachten
wir die Menge $W(a) := \left\{ W^a : a = g(c/\bar{c}), W \in V(c/\bar{c}) \right\}$. Dabei
sei W^a diejenige Teilmenge von W, welche entsteht, wenn
man aus W all die Punkte t entfernt, für welche $Q(t) \cap g \neq \emptyset$
ist mit einem $g \in a$.

<u>LEMMA 2</u>: Gegeben sei das 2-dimensionale ISING-Modell
mit Wechselwirkung I_β und chemischem Potential $\mu = \hat{u}(I_\beta)$.
Ist dann $\beta > 2 \log 3$, so existiert eine reelle Funktion
$\triangle$ auf $\mathbb{N}$ mit $\triangle(k) \to 0$ ($k \to \infty$) derart, daß für jedes
Quadrat V mit Kantenlänge $k > 2$ und jedes $\bar{c} \in C_{\partial V}$ die Ungleichung

$$p(k,\bar{c}) := q_{V/\bar{c}} \left\{ g_0(\cdot/\bar{c}) \geqslant k^{\frac{4}{3}} \right\} \leqslant \triangle(k)$$

erfüllt ist.

BEWEIS: 1. Für jedes $a \in A_{V/\bar{c}}$ ist

$$q_{V/\bar{c}} \left\{ g_0(\cdot/\bar{c}) = a \right\} = Z_{V/\bar{c}}^{-1} \prod_{g \in a} e^{-\beta' g} \prod_{W \in W(a)} Z_{W/0} \cdot (2)$$

Dabei ist $\beta' := \frac{\beta}{2}$ und

$$Z_{V/\bar{c}} = \sum_{a \in A_{V/\bar{c}}} \prod_{g \in a} e^{-\beta' g} \prod_{W \in W(a)} Z_{W/0} \cdot$$

Zum Beweis von (2) braucht man nur Lemma 4.2, Gleichung (1) und die Identität

$$\sum_{c \in C_V : g_0(c/\bar{c}) = a} \exp \left[-\beta' g_1(c/\bar{c}) \right] = \prod_{W \in W(a)} Z_{W/0}$$

zu beachten. Gleichung (2) impliziert ihrerseits die
Beziehung

$$p(k,\bar{c}) = \sum_{a \in A_{V/\bar{c}} : \sum_{g \in a} g \geqslant k^{\frac{4}{3}}} \prod_{g \in a} e^{-\beta' g} Z_{V/\bar{c}}^{-1} \prod_{W \in W(a)} Z_{W/0} \cdot (3)$$

2. Wir suchen nun eine Abschätzung für die Zustandssummen
in (3). Es ist

$$\prod_{W\in W(a)} Z_{W/0} = \sum_{\substack{c\in C_V:\, c=0 \text{ auf } V\setminus\bigcup\limits_{W\in W(a)} W}} \exp\left[-U_{V/0}(c)\right] \;\leqq$$

$$\leqq \; Z_{V/0} \; . \tag{4}$$

Bezeichnet ferner V' das zu V konzentrische Quadrat mit Seitenlänge $k-2$, so gilt

$$Z_{V/\bar{c}} \;\geqq\; e^{-3\beta k} \; Z_{V'/0} \quad . \tag{5}$$

Denn unter den $Z_{V/\bar{c}}$ konstituierenden Summanden befinden sich insbesondere solche, für welche $V' \in V(c/\bar{c})$ und $V(g)\subset V'$ ($g\in g_1(c/\bar{c})$) ist. In dieser Situation ist nun aber $g_0(c/\bar{c}) \leqq 6\,k$.

3. Die Beziehungen (3) – (5) verlangen nach einer Abschätzung für $Z_{V'/0}^{-1}\,Z_{V/0}$. Setze $B_V := \left\{ g_1(c/0) : c\in C_V\right\}$. Dann ist

$$Z_{V/0} = \sum_{b\in B_V} \prod_{h\in b} e^{-\beta' h} \;\leqq\; Z_{V'/0} \sum_{\substack{b\in B_V \\ V(h)\cap\partial V'\neq\emptyset(h\in b)}} \prod_{h\in b} e^{-\beta' h}$$

und also nach 4.3 Lemma 2 für $\beta > 2\log 3$

$$Z_{V'/0}^{-1}\,Z_{V/0} \;\leqq\; \sum_{n\in\mathbb{N}} \frac{1}{n!}\left[\; \sum_{h\in G_V:\, V(h)\cap\partial V'\neq\emptyset} e^{-\beta' h}\right]^n \;\leqq$$

$$\leqq\; \sum_{n\in\mathbb{Z}_+} \frac{1}{n!}\left[\, 4k \sum_{j\in\mathbb{Z}_+} 3^{2j}\, e^{-\beta j}\,\right]^n = \exp\left[\frac{4k}{1-9e^{-\beta}}\right] . \tag{6}$$

4. Die Ungleichungen (3) – (6) liefern nun die Abschätzung

$$p(k,\bar{c}) \;\leqq\; \exp\left[\,k\,\text{const}\right] \sum_{\substack{a\in A_{V/\bar{c}}:\, \sum\limits_{g\in a} g \,\geqq\, k^{\frac{4}{3}}}} \prod_{g\in a} e^{-\beta' g} \quad . \tag{7}$$

Ist $\bar{c}$ fest, so auch $n := |a| \leqq 2k$ $(a\in A_{V/\bar{c}})$ und ebenfalls die $2n$ Endpunkte der Kurven in a. Die Summe in (7) läßt sich also abschätzen durch

$$\binom{2n}{n} \sum_{\substack{l_1,\dots,l_n\in\mathbb{N}:\, \sum\limits_{i} l_i \,\geqq\, k^{\frac{4}{3}}}} \prod_{i=1}^{n} 3^{l_i}\, e^{-\beta' l_i} \qquad\qquad \leqq$$

$$\leq \binom{2n}{n}\binom{k^{\frac{4}{3}}}{n}(3\,e^{-\beta'})^{k^{\frac{4}{3}}}\sum_{j_1,\dots,j_n\in\mathbb{Z}_+}\ \prod_{i=1}^{n}3^{j_i}\,e^{-\beta'j_i}\ \leq$$

$$\leq (4k)^{2k}\binom{k^{\frac{4}{3}}}{n}(3e^{-\beta'})^{k^{\frac{4}{3}}}(1-3\,e^{-\beta'})^{-2k}\ \leq$$

$$\leq \exp\left[k\,\log k\ \text{const}\right](3e^{-\beta'})^{k^{\frac{4}{3}}}\max_{n\leq 2k}\binom{k^{\frac{4}{3}}}{n}\ .$$

Zusammen mit (7) impliziert dies

$$p(k,\bar c)\leq \exp\left[k\,\log k\ \text{const}\right](3e^{-\beta'})^{k^{\frac{4}{3}}}\max_{n\leq 2k}\binom{k^{\frac{4}{3}}}{n}=:\triangle(k).$$

5. Wir müssen nur noch zeigen: $\triangle(k)\to 0\ (k\to\infty)$. Nun ist aber für hinreichend großes k

$$\max_{n\leq 2k}\binom{k^{\frac{4}{3}}}{n}\leq\binom{k^{\frac{4}{3}}}{2k}\leq k^{\frac{3}{3}k}=\exp\left[k\,\log k\ \text{const}\right]$$

und also

$$\triangle(k)\leq\exp\left[k\,\log k\ \text{const}+k^{\frac{4}{3}}\log(3e^{-\beta'})\right]\to 0\ (k\to\infty)$$

wegen $\log(3e^{-\beta'})<0$.   QED.

1o.5   In diesem Abschnitt beweisen wir die Eindimensionalität von $\mathcal{G}(\beta,I_\beta)$ für $\beta>2\log 3$. Wir definieren die <u>gemittelten Korrelationsfunktionen</u> $\bar r_{V/\bar c}$ auf $\mathcal{P}(V)$ durch

$$\bar r_{V/\bar c}(X):=|V|^{-1}\sum_{t\in T:X^t\subset V}r_{V/\bar c}(X)\quad(X\subset V\,(\mathcal{W}),\bar c\in C_{\overline{V}}).$$

<u>LEMMA</u> : In der Situation von 1o.4 Lemma 2 existieren zu jedem Quadrat $V\,(\mathcal{W})$, jedem $X\subset V$ und jedem $\bar c\in C_{\partial V}$ ein $a_{V/\bar c}\in[0,1]$ und ein $\varepsilon(X,V)>0$ mit

$$|\ \bar r_{V/\bar c}(X)-a_{V/\bar c}\,P_X^+(1)-(1-a_{V/\bar c})\,P_X^-(1)|\leq\varepsilon(X,V)$$

und $\varepsilon(X,V)\to 0\ (|V|\to\infty)$.

Es ist wichtig zu beachten, daß $a_{V/\bar c}$ nicht von X abhängt.

BEWEIS: Seien V, X und $\bar c$ gegeben. Sei ferner $a\in A_{V/\bar c}$. Ist $W\in W(a)$, so ist für alle $c\in C_V$ mit $g(c/\bar c)=a$ entweder $(c,\bar c)|_{\partial W}=1$ oder $(c,\bar c)|_{\partial W}=0$. Im ersten Fall heiße W dichte Region, im zweiten Fall verdünnte Region.

Setze $W^1(a) := \{W \in W(a) : W \text{ dichte Region}\}$ und $W^0(a)$

$:= W(a) \setminus W^1(a)$. Betrachte schließlich die Menge

$$S_k(a) := \left\{t \in V : d(t,g) \leq \tfrac{1}{3} k^{\tfrac{1}{3}} \text{ für ein } g \in a\right\} .$$

Ist $a \in A'_{V/\bar{c}} := \left\{a \in A_{V/\bar{c}} : \sum_{g \in a} g < k^{\tfrac{4}{3}}\right\}$, so ist $|S_k(a)| \leq k^{\tfrac{5}{3}}$.

Ferner setzen wir $A''_{V/\bar{c}} := A_{V/\bar{c}} \setminus A'_{V/\bar{c}}$ und schreiben für

$X \in \mathcal{U}$ $X \perp a$, wenn $X \cap S_k(a) = \emptyset$, und

                  $X \times a$, wenn $X \cap S_k(a) \neq \emptyset$ ist.

Im Fall $X \perp a$ existiert eine dichte oder eine verdünnte

Region $W = W_X \in W(a)$ mit $X \subset W$. Setze

$$j_{X,a} := \begin{cases} 0 & \text{für} \quad W_X \in W^0(a) \\ 1 & \quad\quad W_X \in W^1(a) \end{cases} \quad\quad (\, X \perp a \,) \quad .$$

Dann ist für $a \in A_{V/\bar{c}}$ und $X \perp a$

$$\sigma_{X,\bar{c}}(a) := \sum_{c \in C_V : g_0(c/\bar{c})=a} 1_{X,1}(c)\, q_{V/\bar{c}}(c) =$$

$$= Z_{V/\bar{c}}^{-1} \prod_{i \in \{0,1\}} \prod_{W \in W^i(a)} Z_W^i \; r_{W_X/j_{X,a}}(X)$$

mit $Z_W^i := \sum_{c \in C_W} \exp\left[- U_{W \cup \partial W / 0}(c,i)\right]$, also

$$\sigma_{X,\bar{c}}(a) = q_{V/\bar{c}}\left\{g_0(./\bar{c}) = a\right\} r_{W_X/j_{X,a}}(X) .$$

Mit $p_{V/\bar{c}}(a) := q_{V/\bar{c}}\left\{g_0(./\bar{c}) = a\right\}$ läßt sich die Korrela-

tionsfunktion $r_{V/\bar{c}}(X) = \sum_{a \in A_{V/\bar{c}}} \sigma_{X,\bar{c}}(a)$ daher folgen-

dermaßen schreiben:

$$r_{V/\bar{c}}(X) = \sum_{a \in A'_{V/\bar{c}} : X \perp a} p_{V/\bar{c}}(a)\, r_{W_X/j_{X,a}}(X) \; +$$

$$+\; \zeta(X,\bar{c}) + \eta(X,\bar{c}) \quad .$$

Dabei ist $\zeta(X,\bar{c})$ die Summe über alle $\sigma_{X,\bar{c}}(a)$ mit

$a \in A'_{V/\bar{c}}$ und $X \times a$, und $\eta(X,\bar{c})$ diejenige über alle

$\sigma_{X,\bar{c}}(a)$ mit $a \in A''_{V/\bar{c}}$. Die gemittelten Korrelationsfunktionen bekommen nun die Gestalt

$$\bar{r}_{V/\bar{c}}(X) = \sum_{a \in A'_{V/\bar{c}}} p_{V/\bar{c}}(a) \ |V|^{-1} \sum_{X^t \subset V : X^t_\perp a} r_{W_{X^t}/J_{X^t},a}(X^t)$$

$$+ \ \varsigma'(X,\bar{c}) + \eta'(X,\bar{c})$$

mit $\varsigma'(X,\bar{c}) := |V|^{-1} \sum_{a \in A'_{V/\bar{c}}} \sum_{X^t \subset V : X^t_\times a} \sigma_{X^t,\bar{c}}(a)$ und

$$\eta'(X,\bar{c}) := |V|^{-1} \sum_{a \in A''_{V/\bar{c}}} \sum_{X^t \subset V} \sigma_{X^t,\bar{c}}(a) \ .$$

Wir definieren nun $a_{V/\bar{c}} \in [0,1]$ durch

$$a_{V/\bar{c}} := \sum_{a \in A_{V/\bar{c}}} p_{V/\bar{c}}(a) \ |V|^{-1} \sum_{W \in W^1(a)} |W|$$

und wollen $\bar{r}_{V/\bar{c}}(X)$ mit $Q := a_{V/\bar{c}} \, P_X^+(1) + (1-a_{V/\bar{c}}) \, P_X^-(1)$
vergleichen. Setzen wir $P^1 := P^+$ und $P^0 := P^-$, so ist

$$Q = \sum_{a \in A'_{V/\bar{c}}} p_{V/\bar{c}}(a) \ |V|^{-1} \sum_{X^t \subset V : X^t_\perp a} P_{X^t}^{J_{X^t},a}(1) \ +$$

$$+ \ \delta(X,V) + \varsigma''(X,\bar{c}) + \eta''(X,\bar{c}) \ .$$

Dabei berücksichtigt $\delta(X,V)$ den Fehler, der von Überschneidungen von X^t mit ∂V herrührt; für eine wachsende
Folge von Quadraten strebt $\delta(X,\cdot)$ daher gegen 0 .
$\varsigma''(X,\bar{c})$ berücksichtigt alle Terme mit $a \in A'_{V/\bar{c}}$ und $X^t_\times a$
und $\eta''(X,\bar{c})$ alle Terme mit $a \in A''_{V/\bar{c}}$.

Man erhält somit die Abschätzung

$$|\bar{r}_{V/\bar{c}}(X) - Q| \leq$$

$$\leq \sum_{a \in A'_{V/\bar{c}}} p_{V/\bar{c}}(a) \ |V|^{-1} \sum_{X^t \subset V : X^t_\perp a} |r_{W_{X^t}/J_{X^t},a}(X) - P_{X^t}^{J_{X^t},a}(1)|$$

$$+ \ \delta(X,V) + |\varsigma'(X,\bar{c}) - \varsigma''(X,\bar{c})| + |\eta'(X,\bar{c}) - \eta''(X,\bar{c})| \ .$$

Nach 10.4 Lemma 1 besitzt der erste Term die obere Schranke

$D(X, \frac{1}{3}k^{\frac{1}{3}})$; der dritte Term besitzt eine Schranke der

Form $\alpha(X) \, |V|^{-1} \, k^{\frac{5}{3}} = \alpha(X) \, k^{-\frac{1}{3}}$ mit einer nur von X

abhängigen Konstanten $\alpha(X)$; der vierte Term schließlich

kann nach 1o.4 Lemma 2 durch $\Delta(k)$ abgeschätzt werden.

Es folgt

$$|\bar{r}_{V/\bar{c}}(X) - Q| \leq D(X, \tfrac{1}{3}k^{\frac{1}{3}}) + \delta(X,V) + \alpha(X)k^{-\frac{1}{3}} + \Delta(k) =: \varepsilon(X,V)$$

mit $\varepsilon(X,V) \to 0$ ($|V| = k^2 \to \infty$) .   QED.

<u>SATZ</u> : Gegeben sei das 2-dimensionale ISING-Modell

mit Wechselwirkung I_β und chemischem Potential $\mu = \hat{\mu}(I_\beta)$.

Ist $\beta > 2 \log 3$, so gilt:

$$\mathcal{G}_0(\, \hat{\mu}(I_\beta) \, , I_\beta \,) = [P^-, P^+] \quad ,$$

d.h. P^- und P^+ sind die beiden einzigen reinen Phasen

und jeder invariante Gleichgewichtszustand ist eine kon-

vexe Kombination dieser beiden.

BEWEIS: Stets gilt $\mathcal{G}_0 \supset [P^-, P^+]$. Sei umgekehrt

$P \in \mathcal{G}_0$ beliebig vorgegeben. Für jedes Quadrat $V \in \mathcal{W}$ setze

$a_V := \int a_{V/\bar{c}} \, P_{\partial V}(d\bar{c})$. Dann ist für $X \subset V$ wegen

$$P_X(1) = E_{P_V}(\, 1_{X,1} \,) = \text{th-lim} \, |V|^{-1} \sum_{X^t \subset V} \int r_{V-t/\bar{c}}(X) \, P_{\partial V-t}(d\bar{c})$$

$$= \text{th-lim} \, |V|^{-1} \sum_{X^t \subset V} \int r_{V/\bar{c}}(X^t) P_{\partial V}(d\bar{c}) = \text{th-lim} \int \bar{r}_{V/\bar{c}}(X) P_{\partial V}(d\bar{c})$$

die Aussage

$$\lim_{|V| = k^2 \to \infty} | \, P_X(1) - a_V \, P_X^+(1) - (1-a_V) \, P_X^-(1) \, | \leq$$

$$\leq \lim_{|V| \to \infty} \int | \, \bar{r}_{V/\bar{c}}(X) - a_{V/\bar{c}} P_X^+(1) - (1-a_{V/\bar{c}}) P_X^-(1) | \, P_{\partial V}(d\bar{c}) \leq$$

$$\leq \lim_{|V| \to \infty} \varepsilon(X,V) = 0$$

richtig. Also existiert $a = \lim_{|V| \to \infty} a_V \in [0,1]$ und es ist

$P_X(1) = a \, P_X^+(1) + (1-a) \, P_X^-(1) \; (X \in \mathcal{W})$, also $P = aP^+ + (1-a)P^-$.

Dies ist gleichbedeutend mit $P \in [P^-, P^+]$.   QED.

Wir wollen nun die für das ISING-Modell erzielten Ergebnisse noch ein wenig interpretieren.

COROLLAR 1: Ist ß > 2 log 3 oder ß < log 2 , so ist für alle $\mu \in \mathbb{R}$ und alle $\varrho \in \mathrm{PhTr}(\mu, I_\beta)$

$$\left| \mathcal{G}_{0,\varrho}(\mu, I_\beta) \right| = 1 \quad .$$

BEWEIS: Für $\mu \neq \hat{\mu}(I_\beta)$ folgt die Behauptung sofort aus Beispiel 3.5 und Satz 1o.3, für $\mu = \hat{\mu}(I_\beta)$ und ß < log 2 ebenfalls und für ß > 2 log 3 aus dem letzten Satz und Satz 1o.2 .   QED.

Zu jedem $\varrho \in]0,1[$ existiert bei vorgegebenem ß genau ein $\mu \in \mathbb{R}$ mit $\varrho \in \mathrm{PhTr}(\mu, I_\beta)$ und in der Situation von Corollar 1 also genau ein P^ϱ mit $\{P^\varrho\} = = \mathcal{G}_{0,\varrho}(\mu, I_\beta)$.

COROLLAR 2: Ist ß > 2 log 3 oder ß < log 2 , so existiert für alle $\mu \in \mathbb{R}$ eine Bijektion zwischen den Zuständen aus $\mathcal{G}_0(\mu, I_\beta)$ und den Tangenten von $\chi(\cdot, I_\beta)$ an der Stelle μ .

Zum BEWEIS braucht man nur zu bemerken, daß zu jedem $\varrho \in \mathrm{PhTr}(\mu, I_\beta)$ genau eine Tangente der Funktion $\chi(\cdot, I_\beta)$ an der Stelle μ existiert, welche die Steigung ϱ besitzt.   QED.

COROLLAR 3: Sei ß > 2 log 3 oder ß < log 2 . Dann ist

$$\Gamma = \bigcup_{\mu \in \mathbb{R}} \mathcal{G}_0(\mu, I_\beta)$$

eine stetige Kurve in $p_0 \Gamma$, welche höchstens ein lineares Segment enthält (und das nur für ß > 2 log 3) und außerhalb dieses Segments keine drei kollinearen Punkte besitzt. Γ läßt sich stetig ergänzen um den Anfangspunkt $\mathcal{E}_0$ und den Endpunkt $\mathcal{E}_1$, wobei $\mathcal{E}_i$ das Punktmaß auf der konstanten Konfiguration $i \in C$ bezeichnet ($i \in \{0,1\}$). Man beachte dabei die Identität $\{\varepsilon_0, \varepsilon_1\} = \text{ex } p\Gamma \cap p_0\Gamma =$ $= \text{ex } p\Gamma \cap \text{ex } p_0\Gamma$. Im Limes $\beta \to \infty$ gilt schließlich: $\Gamma = [\varepsilon_0, \varepsilon_1]$.

BEWEIS: Γ ist das Bild von $]0,1[$ unter der Injektion $\varphi :]0,1[\to p_0\Gamma$, welche definiert ist durch $\varphi(\varrho) = P^\varrho$. Ist $\beta < \log 2$, so ist φ nach Beispiel 3.5, Satz 10.3 und Satz 8.6 stetig, ebenfalls für $\beta > 2\log 3$ an jeder Stelle $\varrho \in]0,1[\smallsetminus \text{PhTr}(\hat{\mu}(I_\beta), I_\beta)$. An den Stellen $\varrho \in]\varrho_-(\hat{\mu}, I_\beta),$ $\varrho_+(\hat{\mu}, I_\beta)[$ ist die Stetigkeit nach Satz 10.5 trivial und an den Stellen $\varrho_-(\hat{\mu}, I_\beta)$ und $\varrho_+(\hat{\mu}, I_\beta)$ ergibt sie sich unmittelbar aus Satz 8.6 und 9.6 Bemerkung 2. Setze $\Gamma_0 :=$ $\varphi(]\varrho_-(\hat{\mu}, I_\beta), \varrho_+(\hat{\mu}, I_\beta)[)$. Dann ist nach den Sätzen 9.3 und 10.3 $\Gamma \smallsetminus \Gamma_0 \subset \text{ex } p_0\Gamma$. $\Gamma \smallsetminus \Gamma_0$ kann also keine drei kollinearen Punkte besitzen. Ferner ist $\lim\limits_{\varrho \to 0} \varphi(\varrho) = \varepsilon_0$. Sei nämlich $(\varrho_n)_{n \in \mathbb{N}}$ eine Folge in $]0,1[$ mit $\lim\limits_{n \to \infty} \varrho_n = 0$ und Q ein Häufungspunkt der Folge $(P^{\varrho_n})_{n \in \mathbb{N}}$. Dann ist für alle $t \in T$ $Q_{\{t\}}(1) = \lim\limits_{n \to \infty} P^{\varrho_n}_{\{t\}}(1) = \lim\limits_{n \to \infty} \varrho_n = 0$ und also $Q(\{0\}) = Q(\bigcap\limits_{t \in T} \pi^{-1}_{\{t\}}(0)) = 1$. Dies beweist die Identität $Q = \varepsilon_0$. Genauso zeigt man $\lim\limits_{\varrho \to 1} \varphi(\varrho) = \varepsilon_1$. Mit dem gleichen Argument beweist man schließlich auch die letzte Aussage. Man braucht dazu nur die Gleichungen $\lim\limits_{\beta \to \infty} \varrho_-(\hat{\mu}(I_\beta), I_\beta) = 0,$ $\lim\limits_{\beta \to \infty} \varrho_+(\hat{\mu}(I_\beta), I_\beta) = 1$ und Satz 10.5 zu beachten.   QED.

BIBLIOGRAPHISCHER ANHANG

(zu §1)   In § 1 folgen wir den Ideen von FISHER [F],
allerdings können wir in unserem Spezialfall (aufgrund
von 1.3 Lemma 2) erheblich einfacher als in [F] vorgehen.
(Diese Methode hat den Vorteil, daß sich mit ihr die
Gleichmäßigkeit der Konvergenz der Funktionen $g_V(.,U)$ auf
ganz [0,1] beweisen läßt, so daß die Grenzwertvertauschung
im Zusammenhang mit der LEGENDRE-Transformation nicht mehr
gesondert gerechtfertigt zu werden braucht.) Mit dem gleichen Thema beschäftigen sich auch die Arbeiten [R2] und
[D1] , die erste, nicht ganz korrekte, Arbeit war [VH] .

(zu §2)   Zu Satz 2.1 vergleiche etwa [BS] und [D3] .
Die Idee, Satz 2.2 mit Hilfe von Lemma 2.2 zu beweisen,
geht auf [F] zurück. In Abschnitt 2.3 sind Lemma 1 und
Satz 1 der Arbeit [DM] entnommen. Zum Problem der Existenz
und Stetigkeit des Drucks vergleiche auch [R1,Section 3.4.9]
und [R2] .

(zu §3)   Lemma 3.1 ist ein Spezialfall von [R1, Pro-
position 2.2.2] . Der Beweis von Satz 3.2 (a) benutzt Gedanken aus [F] und [R2] . Einen direkten Existenzbeweis
von χ (ohne Ausnutzung von Satz 2.1), bei dem allerdings
dann nicht die LEGENDRE-Identität verifiziert wird, findet
man in [YL1] und in allgemeinster Form in [R1,Section 2.3];
diese Beweise können auf die Forderung (b), welche wir in
1.6 an reguläre Folgen gestellt haben, verzichten. Zum Beweis von Satz 3.2 (c) vergleiche [R1,Proposition 2.5.5] .
Beim Beweis von Lemma 3.3 (a) lehnen wir uns an [M3] an.
In Abschnitt 3.4 sind Gedanken aus [MS1] enthalten. In

Abschnitt 3.5 folgen wir [R3] ; den klassischen Satz von LEE/YANG (3.5 Corollar 1) findet man in [YL2] und in [R1,Section 5.1] direkt bewiesen. Die Definition des ISING-Modells geht auf ISING [IS] zurück.

(zu §4) Die Idee, welche §4 zugrundeliegt, stammt von PEIERLS [P] und wurde von GRIFFITHS [GR] überarbeitet. Wir sind der Darstellung in [D6] gefolgt, mit einigen Abweichungen und Präzisierungen im Sinne von § 6 . Unabhängig von GRIFFITHS, aber weniger elegant, wurde Satz 4.1 von DOBRUŠIN in [D2] bewiesen. Der erste Beweis eines Phasenüberganges für das 2-dimensionale ISING-Modells durch explizite Berechnung der Zustandssumme erfolgte in [O] .

(zu §5) Die Grundideen zur Ausdehnung der PEIERLS'schen Methode auf Potentiale beliebiger Reichweite, die wir in § 5 vorführen, stammen von DOBRUŠIN [D3] . Seine Arbeit schließt den in [BS] betrachteten Fall mit ein. Unsere Darstellung ist gegenüber [D3] präzisiert und nicht auf den 2-dimensionalen Fall beschränkt, zudem ist unser Resultat 5.5(1) stärker als das in [D3] (was in Abschnitt 9.5 wichtig wird). Für einen anderen allgemeinen Typ von Potentialen wird in [R1,Section 5.3 ff.] ein Phasenübergang nachgewiesen.

(zu §6) §6 enthält eine geglättete Version der Arbeit [MS1] , wobei wir die Tatsache ausnutzen, daß MINLOS und SINAJ viele der darin enthaltenen Ideen in [MS3] präzisiert haben.

(zu §7) Satz 7.1 und seine Corollare 1 und 2 finden sich in [MS1], ebenfalls die Ergebnisse in Abschnitt 7.2. Der Beweis von 7.2 Lemma 2 in [MS1] enthält allerdings

eine Lücke. Um sie zu schließen, bedienen wir uns nicht
der langwierigen Abschätzungen aus [MS3] (was auch möglich
wäre), sondern beschränken uns auf eine spezielle Folge
von Volumina, die FISHER [F] in anderem Zusammenhang betrachtet hat.

(zu §8)   DOBRUŠIN hat in seinen Arbeiten [D5,D6,D7]
eine Theorie der Gleichgewichtszustände begründet, deren
mathematisches Fundament er in [D4] gelegt (und in [D8]
verallgemeinert) hat. Sie ist äquivalent zu der Theorie,
welche auf der Gleichgewichtsgleichung 9.1 (4) aufbaut
und in [LR] unabhängig von DOBRUŠIN entwickelt worden ist.
Wir machen uns DOBRUŠIN's Standpunkt zu eigen, ohne allerdings auf die in [D7] angedeuteten Verallgemeinerungsmög-
lichkeiten einzugehen. Die Abschnitte 8.1 - 8.4 und 8.6
sind daher an seine Arbeit [D5] angelehnt. Der Beweis von
Satz 8.5 stammt ebenfalls von dort; zum gleichen Thema
vergleiche auch [R1, Theorem 7.4.1] und [LR] . Existenz
und Eigenschaften von Gleichgewichtszuständen bei stetigen
Systemen sind von MINLOS in [M1 , M2] untersucht worden;
die von ihm benutze Methode der Korrelationsgleichungen
erfaßt jedoch nur den Fall $|\mathcal{G}| = 1$.

(zu §9)   Die Charakterisierung von ex $\mathcal{G}$ in Abschnitt
9.1 ist analog zu der in [LR] . Allerdings stammt nur
Lemma 2 direkt von dort. Der Beweis von 9.1 Lemma 1 findet
sich ansatzweise in [D5] , ähnliche Ergebnisse für stetige
Systeme enthält [M2] . Der zweite Beweis von Corollar 9.3
benutzt eine Idee aus [R1] . Eine Aussage von ähnlichem
Inhalt wie 9.4 Satz 1 findet sich auch in [R1,Lemma 6.5.1].
Für stetige Systeme findet man in [M2] analoge Aussagen

zu Corollar 9.3 und zu Corollar 9.4. Die Beweismethode von Satz 9.5 ist für das ISING-Modell bereits in [D6] verwendet worden.

(zu §1o)   In Abschnitt 1o.1 folgen wir, bis auf die leichte Spezialisierung auf Boole-Verbände, der Arbeit [FGK] . Man beachte auch die von HOLLEY [H] bewiesene Verallgemeinerung von Satz 1o.1 . Lemma 1o.2 findet sich (mit einem m.E. weniger schönen Beweis) bereits in [R4] . Satz 1o.2 ist im Wesentlichen ebenfalls in [R4] enthalten. Satz 1o.3 stellt eine Verschärfung eines Ergebnisses aus [R4] dar, durch welche der Beweis von 1o.3 Corollar 2 erst möglich wird. In den Abschnitten 1o.4 und 1o.5 folgen wir der Arbeit [GM] .

LITERATUR

BEREZIN, F.A., Ja.G. SINAJ

[BS]   Existence of a Phase Transition for the Lattice
        Gas with Interparticle Attraction
        Transactions Moscow Math. Soc. 17 (1967),219-236

COURANT, R., D. HILBERT

        Methoden der mathematischen Physik II
        Springer Berlin 1937

DIEUDONNÉ, J.

        Foundations of Modern Analysis
        Academic Press   N.Y. 1960

DOBRUŠIN, R.L.

[D1]   Investigation of Conditions for the Asymptotic
        Existence of the Configuration Integral of Gibbs
        Distribution
        Th. Probability Appl. 9 (1964), 566-581

[D2]   Existence of a Phase Transition in the Two- and
        Three-Dimensional Ising Models
        Th. Probability Appl. 1o (1965), 2o9-23o

[D3]   Existence of Phase Transitions in Models of a
        Lattice Gas
        V. Berkeley Symposion on Prob.Th.and Statistics 1965
        vol.III,73-87 , Univ.California Press, Berkeley

[D4]   Description of a Random Field by Means of Conditio-
        nal Probabilities and Conditions of its Regularity
        Th. Probability Appl. 13 (1968), 197-224

[D5]   Gibbsian Random Fields for Lattice Systems with
        Pair Interactions
        Funkcional'nyj Analiz i ego Pril. $\underline{2}$,4 (1968),31-43
        = Funct.Analysis Appl. 2 (1968),291-3o1

[D6] The Problem of Uniqueness of a Gibbs Random Field
      and the Problem of a Phase Transition
      Funkc. Analiz Pril. $\underline{2}$,4 (1968), 44-57
      = Funct. Analysis Appl. 2 (1968), 3o2-312

[D7] Gibbsian Random Fields. The General Case
      Funkc. Analiz Pril. $\underline{3}$,1 (1969), 27-35
      = Funct. Analysis Appl. 3 (1969), 22-28

[D8] Prescribing a System of Random Variables by
      Conditional Distributions
      Th. Probability Appl. 15 (197o), 458-486

DOBRUŠIN, R.L., R.A. MINLOS

[DM] Existence and Continuity of Pressure in Classical
      Statistical Physics
      Th. Probability Appl. 12 (1967), 535-559

FEINSTEIN, A.

      Foundations of Information Theory
      Mac Graw Hill N.Y. 1958

FELLER, W.

      An Introduction into Probability Theory and its
      Applications, vol. I, 2. edition
      J. Wiley & Sons N.Y. 1957

FISHER, M.

[F]   The Free Energy of a Macroscopic System
      Arch. Rat. Mech. Anal. 17 (1964), 377-41o

FORTUIN, C.M., J. GINIBRE, P.W. KASTELEYN

[FGK] Correlation Inequalities on some Partially Ordered
      Sets
      Commun. math. Phys. 22 (1971), 89-1o3

GALLAVOTTI, G., S. MIRACLE-SOLÉ

[GM] Equilibrium States of the Ising Model in the Two
      Phase Region
      Preprint 1971

GALLAVOTTI, G., A. MARTIN-LÖF

[GML] Surface Tension in the Ising Model
       Commun. Math. Phys. 25 (1972), 87-126

GRIFFITHS, R.B.

[GR] Peierls' Proof of Spontaneous Magnetization in
       a Two-Dimensional Ising Ferromagnet
       Phys. Rev. (2) 136 (1964), A437-A439

HARDY, G.H., J.E. LITTLEWOOD, G. POLYA

       Inequalities
       Cambridge Univ. Press 1934

HOLLEY, R.

[H] Remarks on the FKG Inequalities
       Preprint

ISING, E.

[IS] Beitrag zur Theorie des Ferromagnetismus
       Z. Phys. 31 (1925), 253-258

LANFORD III, O.E., D. RUELLE

[LR] Observables at Infinity and States with Short
       Range Correlations in Statistical Mechanics
       Commun. Math. Phys. 13 (1969), 194-215

MINLOS, R.A.

[M1] The Limiting Gibbs Distribution
       Funkcional'nyj Analiz Pril. $\underline{1}$,2 (1967), 60-74
       = Functional Analysis Appl. 1 (1967)

[M2] The Regularity of the Gibbs Limiting Distribution
       Funkc. Analiz Pril. $\underline{1}$,3 (1967), 40-54
       = Functional Analysis Appl. 1 (1967)

[M3] Lectures on Statistical Physics
       Russian Math. Surveys 23 (1968), 137-194

MINLOS, R.A., Ja. G. SINAJ

[MS1]   Some New Results on the Phase Transition of
        First Kind in Models of a Lattice Gas
        Transactions Moscow Math. Soc. 17 (1967),237-268

[MS2]   The Phenomenon of "Phase Separation" at Low
        Temperatures in Some Lattice Models of a Gas. I.
        Math. USSR-Sbornik $\underline{2}$,3 (1967), 335-395

[MS3]   The Phenomenon of "Phase Separation" at Low
        Temperatures in Some Lattice Models of a Gas. II.
        Transactions Moscow Math. Soc. 19 (1968), 121-196

ONSAGER, L.

[O]   Crystal Statistics. I. A Two-Dimensional Model
        with an Order-Disorder Transition
        Phys. Rev. 65 (1944), 117-149

PEIERLS, R.

[P]   On Ising's Model of Ferromagnetism
        Proc. Cambridge Phil. Soc. 32 (1936), 477-481

PITT, H.R.

        Some Generalisations of the Ergodic Theorem
        Proc. Cambridge Phil. Soc. 38 (1942), 325-343

RIESZ, F., B. Sz.-NAGY

        Leçons d'Analyse Fonctionelle
        Akadémiai Kiadó Budapest 1952

RUELLE, D.

[R1]   Statistical Mechanics. Rigorous Results
        Benjamin N.Y. 1969

[R2]   Classical Statistical Mechanics of a System of
        Particles
        Helvetia Phys. Acta 36 (1963), 183-197

[R3]   An Extension of the Lee-Yang Circle Theorem
        Phys. Rev. Letters 26 (1971), 3o3-3o4

[R4]   On the Use of "Small External Fields" in the
         Problem of Symmetry Breakdown in Statistical
         Mechanics
         Preprint 1971

VAN HOVE, L.

[VH]   Quelques propriètés génerals de l'integrale
         d'un système de particules avec interaction
         Physica 15 (1949), 951-961

YANG, C.N., T.D. LEE
         Statistical Theory of Equations of State and
         Phase Transitions
[YL1]   I. Theory of Condensation
         Phys. Rev. 87 (1952), 4o4-4o9

[YL2]   II. Lattice Gas and Ising Model
         Phys. Rev. 87 (1952), 41o-419

		Seite
$U_N(c)$		3
$U_{V/\bar{c}}(c)$		63
U_{FR} , U_{AS}		3
$\mathrm{U}_D(M)$, U_D		53/4
$\mathcal{V}$		1
$\overline{V}$		4
$V(g)$		46
$\mathbb{Z}$	$= \{0,\pm 1,\pm 2,\dots\}$	
$\mathbb{Z}_+$	$= \{0,1,2,\dots\}$	
$Z_{V/\bar{c}}$		29

$\sum\nolimits^{*}$		3
$\|\,t\,\|$		3
$\|\,U\,\|$		3
$\|\cdot\|_V$, $\|\cdot\|_\infty$		106
$|\cdot|$	Absolutbetrag bzw. Kardinalität	
$[\cdot,\cdot]$	abgeschlossenes	
$]\cdot,\cdot[$	offenes Intervall	
$\otimes$	Produkt von Maßen	
$\setminus$	mengentheoretische Differenz	
$\triangle$	symmetrische Differenz	
$\Rightarrow$	Implikation	
$\cdot$	Leerstelle für eine nicht fixierte Variable	

Lecture Notes in Physics

Bisher erschienen / Already published

Vol. 1: J. C. Erdmann, Wärmeleitung in Kristallen, theoretische Grundlagen und fortgeschrittene experimentelle Methoden. 1969. DM 20,–

Vol. 2: K. Hepp, Théorie de la renormalisation. 1969. DM 18,–

Vol. 3: A. Martin, Scattering Theory: Unitarity, Analyticity and Crossing. 1969. DM 16,–

Vol. 4: G. Ludwig, Deutung des Begriffs physikalische Theorie und axiomatische Grundlegung der Hilbertraumstruktur der Quantenmechanik durch Hauptsätze des Messens. 1970. DM 28,–

Vol. 5: M. Schaaf, The Reduction of the Product of Two Irreducible Unitary Representations of the Proper Orthochronous Quantummechanical Poincaré Group. 1970. DM 16,–

Vol. 6: Group Representations in Mathematics and Physics. Edited by V. Bargmann. 1970. DM 24,–

Vol. 7: R. Balescu, J. L. Lebowitz, I. Prigogine, P. Résibois, Z. W. Salsburg, Lectures in Statistical Physics. 1971. DM 18,–

Vol. 8: Proceedings of the Second International Conference on Numerical Methods in Fluid Dynamics. Edited by M. Holt. 1971. DM 28,–

Vol. 9: D. W. Robinson, The Thermodynamic Pressure in Quantum Statistical Mechanics. 1971. DM 16,–

Vol. 10: J. M. Stewart, Non-Equilibrium Relativistic Kinetic Theory. 1971. DM 16,–

Vol. 11: O. Steinmann, Perturbation Expansions in Axiomatic Field Theory. 1971. DM 16,–

Vol. 12: Statistical Models and Turbulence. Edited by M. Rosenblatt and C. Van Atta. 1972. DM 28,–

Vol. 13: M. Ryan, Hamiltonian Cosmology. 1972. DM 18,–

Vol. 14: Methods of Local and Global Differential Geometry in General Relativity. Edited by D. Farnsworth, J. Fink, J. Porter and A. Thompson. 1972. DM 18,–

Vol. 15: M. Fierz, Vorlesungen zur Entwicklungsgeschichte der Mechanik. 1972. DM 16,–

Vol. 16: H.-O. Georgii, Phasenübergang 1. Art bei Gittergasmodellen. 1972. DM 18,–